Lieferung 4 Preis 1 Mark

Gesamtpreis des Werkes gebunden 25 Mark

DIE ZEICHENKUNST

METHODISCHE DARSTELLUNG DES GESAMTEN ZEICHENWESENS

UNTER MITWIRKUNG
VON
A. ANDĚL, LUDWIG HANS FISCHER, M. FÜRST, O. HUPP, A. KULL, KONRAD LANGE, A. MICHOLITSCH, ADOLF MÖLLER, PAUL NAUMANN, F. REISS, A. v. SAINT-GEORGE, KARL STATSMANN, R. TRUNK, J. VONDERLINN UND HERMANN WIRTH

HERAUSGEGEBEN
VON

KARL KIMMICH

ZWEITE
VERBESSERTE UND VERMEHRTE AUFLAGE

MIT 1157 ABBILDUNGEN IM TEXT
UND 60 TAFELN IN FARBEN- UND LICHTDRUCK

23 LIEFERUNGEN à 1 MARK UND 2 EINBANDDECKEN à 1 MARK
KOMPLETT IN 2 ORIGINALLEINENBÄNDEN 25 MARK

LEIPZIG
G. J. GÖSCHEN'SCHE VERLAGSHANDLUNG

Einzelne Lieferungen werden nicht abgegeben

Die Abnahme von Lieferung 1 verpflichtet zum Bezug des ganzen Werkes

Das Linear- oder geometrische Zeichnen, die Grundlage zum Maschinen-, Bau- und jedem anderen Fachzeichnen, ist das Zeichnen ebener Figuren, also der Geraden, des Kreises, des Dreiecks, Vierecks und Vielecks, der Ovallinie und Ellipse, der Parabel, der Hyperbel, der Zykloiden usw. Zunächst jedoch ein Wort über die Zeichenmaterialien und Zeicheninstrumente.

A. **Zeichenmaterialien:** 1. Reißbrett; 2. Papier; 3. Bleistifte; 4. Gummi; 5. Tusche, Farben und Pinsel.

1. Das Reißbrett, aus astlosem, trockenem Lindenholz, soll eine Dicke von $1^1/_2$—2 cm haben. Die Oberfläche soll vollkommen eben, die Kanten müssen gerade, die Winkel rechte sein. Damit es sich beim Befeuchten nicht werfe, soll es aus mehreren Stücken bestehen; ferner soll es an einem trockenen, nicht zu warmen Orte aufbewahrt werden, da es sonst springen oder sich werfen würde. Geworfene Bretter können dadurch wieder brauchbar gemacht werden, daß man an der Unterseite Leisten aus hartem Holze anbringt, welche, kreuzförmig übereinander gelegt, in der Richtung der beiden Diagonalen an das Reißbrett befestigt werden.
2. Das Zeichenpapier soll rein weiß und nicht zu glatt sein, gegen das Licht gehalten nicht gelb erscheinen und keine Flecken zeigen. Gutes Papier saugt das Wasser leicht auf und widersteht lange dem Durchradieren. Das Papier wird mit Reißnägeln auf dem Reißbrette befestigt; mit Gummi arabicum soll namentlich bei Farbenzeichnungen aufgespannt werden.
3. Die Bleistifte sollen mittelhart (HH oder HHH guter Sorten), lang und kegelförmig gespitzt sein; zu harte schneiden in das Papier ein, zu weiche dagegen ziehen dicke Striche, welche sich leicht verwischen.
4. Zum Ausradieren von Bleistiftlinien soll man den schwarzen oder Naturgummi verwenden, weil derselbe das Papier nicht so leicht aufreibt. — Die bereits mit Tusche ausgezogenen Linien werden am besten mit einem scharfen Messer und einem guten

hellgrauen „Radiergummi" abwechselnd ausradiert. Man hüte sich beim Zeichnen, etwa bloß mit der Spitze des Messers zu radieren, sonst entstehen im Papier Furchen; vielmehr sollen möglichst viele Punkte des Messers mit der Papierfläche in Berührung kommen und das Radieren nach verschiedenen Richtungen hin vorgenommen werden.

5. Will man Tusche anreiben, so bringe man in eine flache Schale einige Tropfen Wasser und reibe sachte an, ohne aufzudrücken. Zeigen sich nach längerem Anreiben weiße Streifen, so ist die Tusche schon zu dick und fließt schlecht aus der Feder. Um zu erfahren, wann die Tusche genügend schwarz ist, ziehe man mit einer Feder auf weißem Papier einen Strich und verwische diesen mit dem Finger: hinterläßt sie schwarze Spuren, so besitzt sie die richtige Schwärze. Zu empfehlen ist auch die flüssige Tusche, mit welcher man ebensogut Zeichnungen ausziehen kann, die angelegt werden sollen, ohne daß sich die Tuschlinien irgendwie verwischen. Die Hilfslinien werden gewöhnlich mit roter Tinte ausgezogen. Da diese letztere jedoch vom Wasser gelöst wird, so müssen bei Zeichnungen, die mit Farben angelegt werden, die Hilfslinien zuletzt gezogen werden.

Die Farbschalen sollen etwa 6 cm im Durchmesser und eine tiefe Innenfläche haben. Zum Auftragen der Farben bedarf es zweier Pinsel an einem Stiel.

B. **Zeicheninstrumente.** Diese sind: 1. das Reißzeug; 2. die Lineale.

1. Das Reißzeug. Das einfachste Reißzeug muß einen Zirkel, ein Knieblei und eine Zirkelreißfeder enthalten.

Die Spitzen eines guten Zirkels müssen gleich lang sein; ist derselbe geschlossen, so müssen sie sich decken. Der Zirkel, welcher zum Ziehen von Kreislinien dient, soll mit einem Nadeleinsatz versehen sein, damit er keine zu große Löcher in das Papier bohrt.

Das Knieblei muß gut am Zirkel befestigt sein und immer senkrecht zum Papiere stehen.

Die Reißfeder muß gleich lange Blättchen besitzen, welche nicht zu spitzig sein dürfen, weil sonst die Feder zu sehr ins Papier einschneiden würde.

Sind Kreislinien auszuziehen, so muß man das Knie der Reißfeder so lange biegen, bis die Feder so zur Papierfläche steht,

Tafel 7.

Die Gerade.

1. wagrecht. 2. lotrecht. 3. schräg.

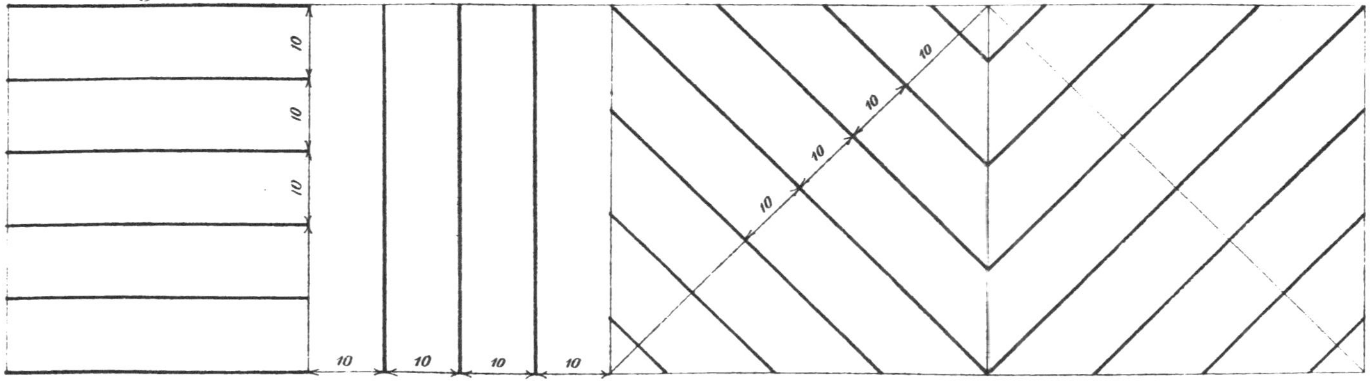

Ornamente.

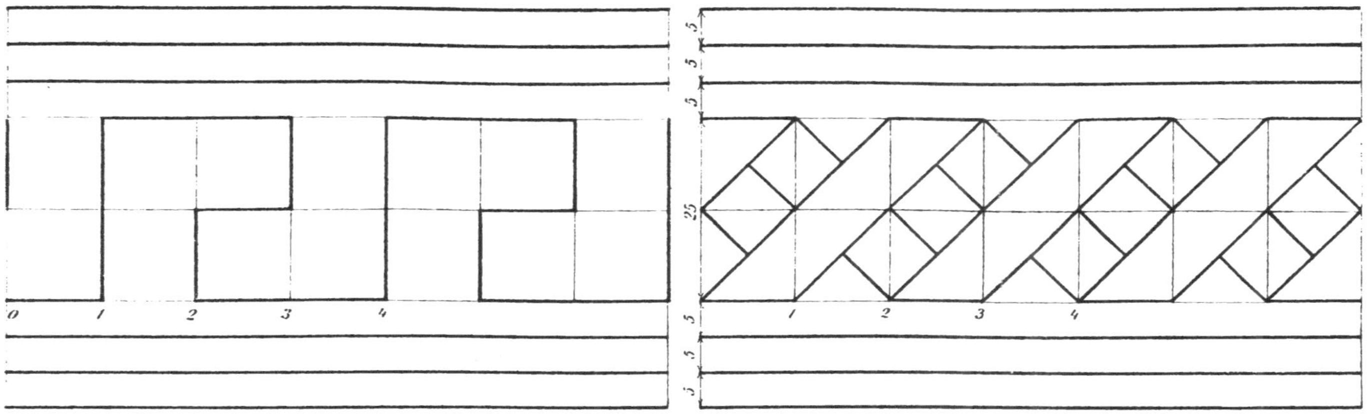

Tafel 8.

Der Kreis.

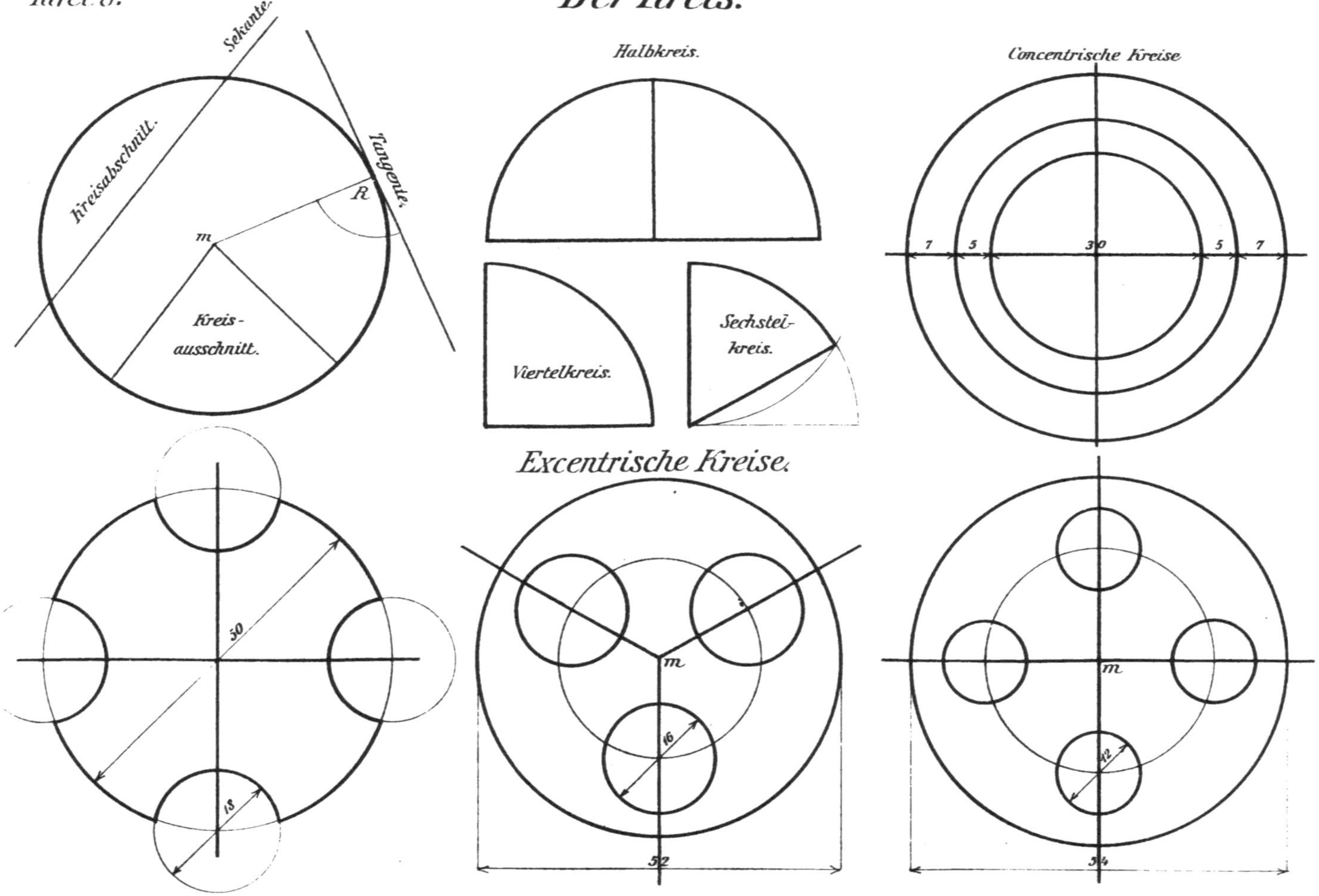

daß beide Spitzen der Blättchen mit dem Papier in Berührung kommen. Man füllt die Reißfeder am besten mittels eines schmalen, steifen Papierstreifens. Nach dem Gebrauche muß die Reißfeder gut gereinigt, die Schraube gelockert und vor Feuchtigkeit geschützt werden.

2. Die Lineale. Zum Zeichnen bedarf man zweier Dreiecke, von denen das eine einen Winkel von 45^0, das andere einen solchen von 60^0 enthält, sodann einer Reißschiene. Diese soll 2 mm stark sein, stärkere erschweren das Ausziehen. Ihre Brauchbarkeit prüft man in folgender Weise: Zieht man längs der zu prüfenden Kante eine feine Linie, wendet sodann das Lineal um diese Kante, legt es an die bereits gezogene Linie an und zieht eine neue Linie, so ist die Kante gerade, wenn letztere Linie die zuerst gezogene vollständig deckt.

Um die Richtigkeit des rechten Winkels eines Dreiecks zu prüfen, lege man dasselbe mit der einen Kathete an die Reißschiene an und ziehe längs der anderen Kathete eine Linie, drehe sodann das Dreieck um diese Kathete, lege es abermals an die Reißschiene an und ziehe eine zweite Linie; so muß diese die erstere vollständig decken, wenn der Winkel ein rechter sein soll.

Auf den beständigen Gebrauch des Maßstabes und das „Kotieren" ist das Hauptgewicht zu legen.

Das richtige Messen und Kotieren ist für jedermann von sehr großem Werte, muß daher aufs gewissenhafteste eingeübt und mit der größten Strenge verlangt werden.

Die Elemente der geometrischen Formenlehre, sowie jene geometrischen Konstruktionen, welche bei der Anfertigung technischer Zeichnungen Anwendung finden, sollen im Zeichensaal durch Vorzeichnung an der Schultafel erklärt und an passenden Beispielen eingeübt werden. — Die Schüler zeichnen diese Figuren vorerst in ein Heft und übertragen sie später auf das aufgespannte Zeichenblatt.

Fig. 654 (S. 241) zeigt mehrere Zeichengeräte für das Fachzeichnen.

Die Gerade. (Tafel VII.)

Eine Gerade entsteht, indem sich ein Punkt ununterbrochen in einer und derselben Richtung fortbewegt. Eine solche kann verschiedene

Lagen in der Ebene einnehmen: sie kann vertikal (lotrecht), horizontal (wagrecht) oder schräg sein.

Zum Zeichnen von horizontalen Geraden dient die Reißschiene, welche mit dem Kopf an die linke Seite des Reißbrettes anzulegen ist. Um vertikale Geraden zu ziehen, bedient man sich der Reißschiene und des Dreiecks.

Ornamente. Das Wort Ornament bedeutet so viel wie Verzierung. Mäander sind griechische bandartige Ornamente (so benannt nach dem gleichnamigen Flusse in Kleinasien, der durch seine vielen Windungen bekannt ist), womit die Werke der Baukunst und der Kunstgewerbe (Wände, Säulen, Vasen) geschmückt wurden; siehe Tafel **XXVI, Fig. a.** Geometrische oder lineare Ornamente haben geometrische Grundformen und sind aus Geraden und Kreisbogen zusammengesetzt. Fig. b ist ein maurisches, Fig. c ein persisches Ornament.

Der Kreis. (Tafel VIII.)

Der Kreis ist eine geschlossene krumme Linie, deren Punkte die Eigenschaft haben, von einem innerhalb dieser Linie liegenden Punkte gleichweit entfernt zu sein. Dieser Punkt heißt Zentrum oder Mittelpunkt. Eine Strecke, welche zwei beliebige Punkte des Umfangs verbindet, heißt Sehne. Geht eine solche durch den Mittelpunkt, so heißt sie Durchmesser. Eine Strecke, welche einen Punkt des Umfangs mit dem Mittelpunkt des Kreises verbindet, heißt Halbmesser oder Radius. Eine gerade Linie, welche einen Kreis in zwei Punkten schneidet, heißt Sekante (Schneidende). Fallen die beiden Schnittpunkte von Kreis und Sekante zusammen, so geht letztere in eine Tangente (Berührungsgerade) über. Der gemeinschaftliche Punkt heißt Berührungspunkt. Für die Konstruktion der Tangente in einem Punkt eines gegebenen Kreises gilt der Satz: „Der Radius zum Berührungspunkt steht senkrecht auf der Tangente.“

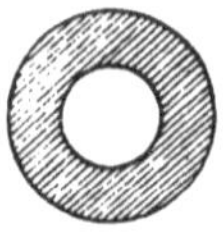

Fig. 434.

Liegen zwei Kreise so, daß sie einen gemeinschaftlichen Mittelpunkt haben, so heißen sie konzentrisch; andernfalls befinden sie sich in exzentrischer Lage. Die Fläche, welche zwischen zwei konzentrischen Kreislinien liegt, heißt Kreisring.

Tafel 9.

Die Lage zweier Geraden.

Parallele Geraden.

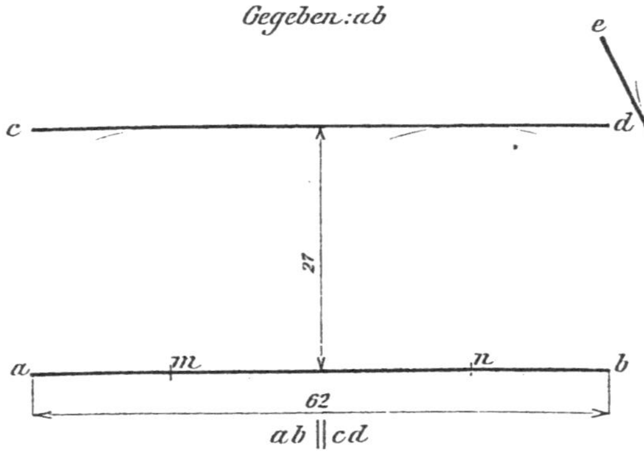

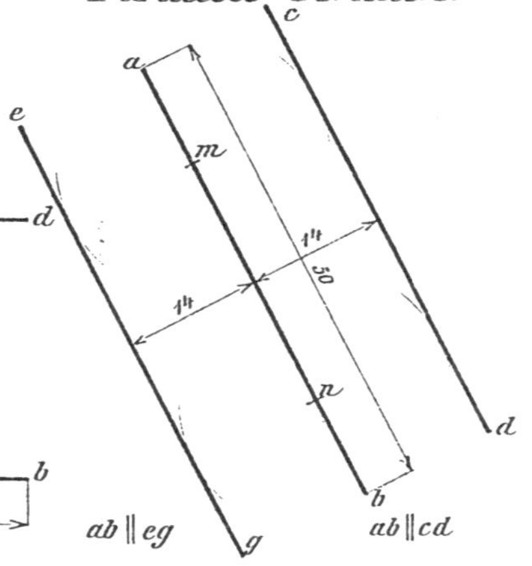

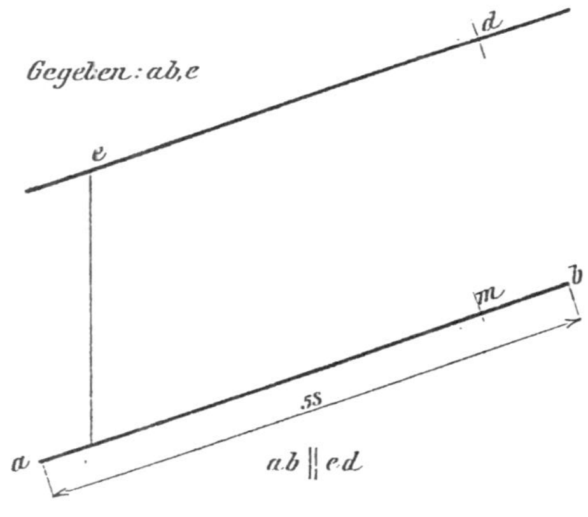

Senkrechte Geraden.

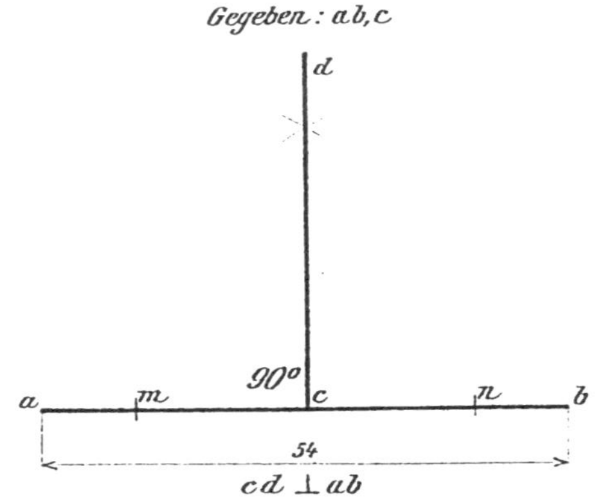

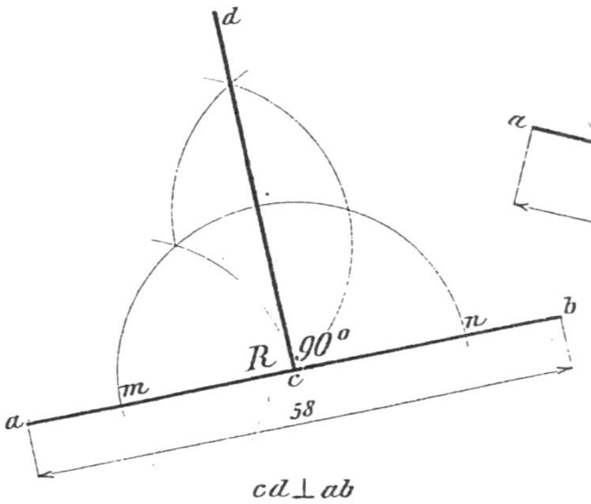

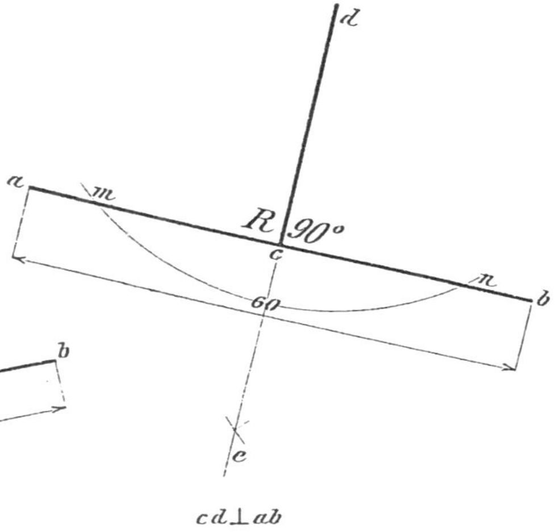

Tafel 10.

Teilung einer Strecke.

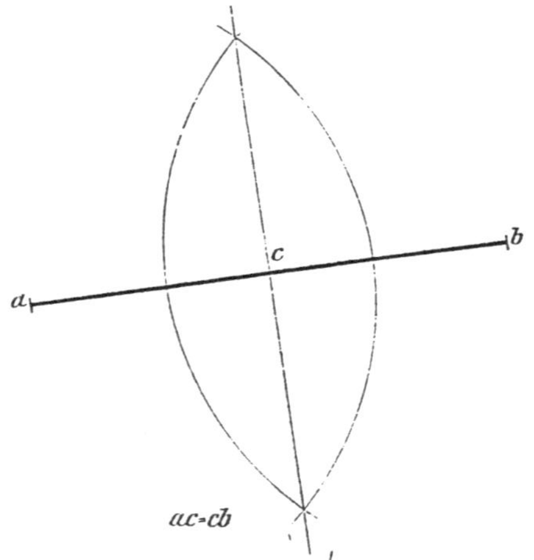

ac=cb

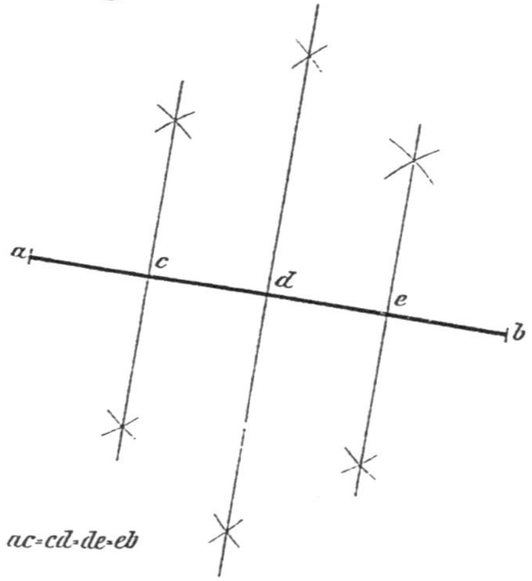

ac=cd=de=eb

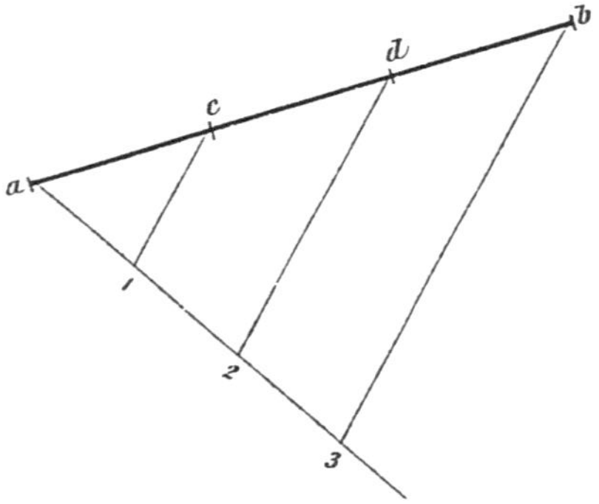

ac=cd=db

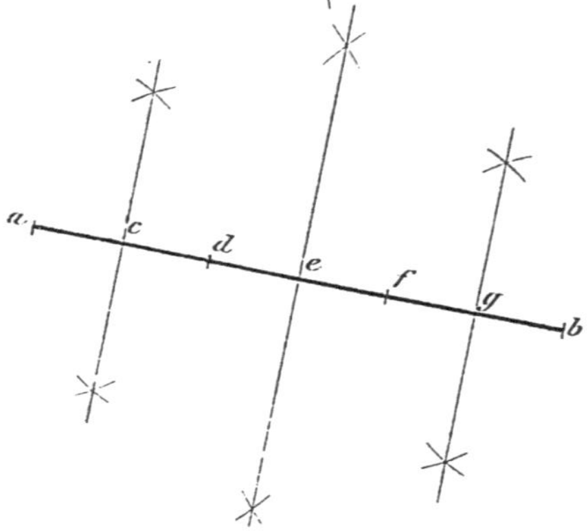

ac=cd=de=ef=fg=gb

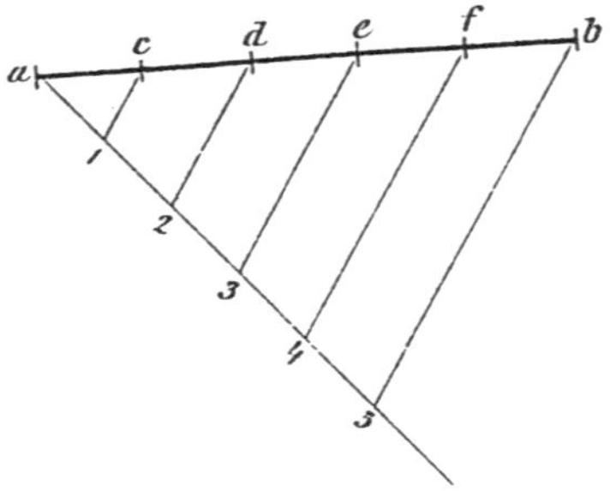

ac=cd=de=ef=fb

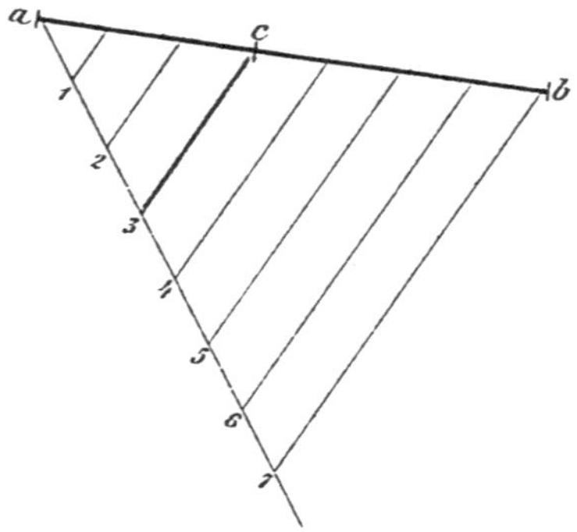

ac : cb = 3 : 4

Der Winkel.

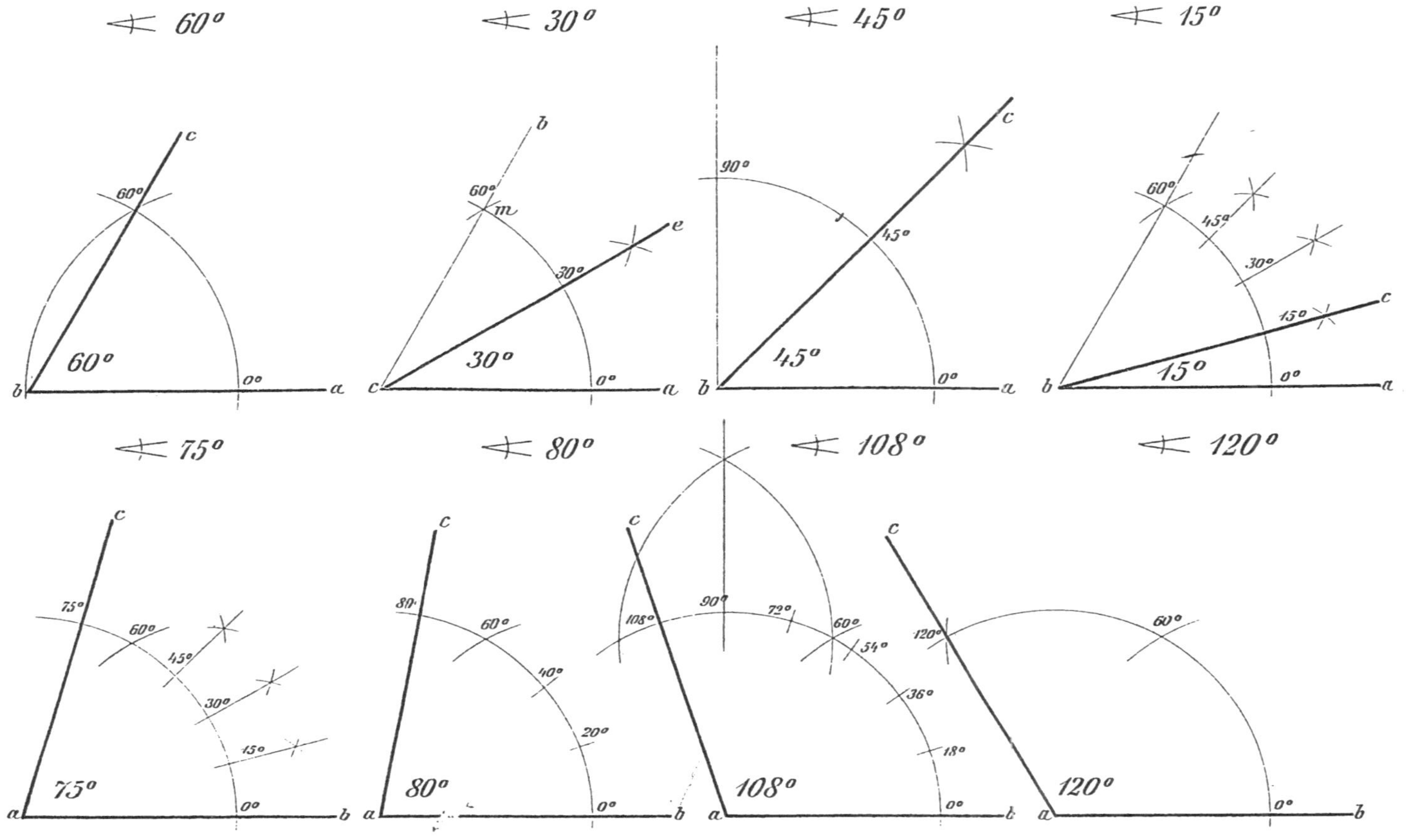
∢ 60°
60°
60°
0°
a
b
c
∢ 30°
30°
60°
30°
0°
m
a
b
c
e
∢ 45°
45°
90°
45°
0°
a
b
c
∢ 15°
15°
60°
45°
30°
15°
0°
a
b
c
∢ 75°
75°
75°
60°
45°
30°
15°
0°
a
b
c
∢ 80°
80°
80
60°
40°
20°
0°
a
b
c
∢ 108°
108°
108°
90°
72°
60°
54°
36°
18°
0°
a
b
c
∢ 120°
120°
120°
60°
0°
a
b
c

Tafel 12.

Das Dreieck.

Spitzwinklige Dreiecke.

ab = 37
∢a = 45°
∢b = 60°

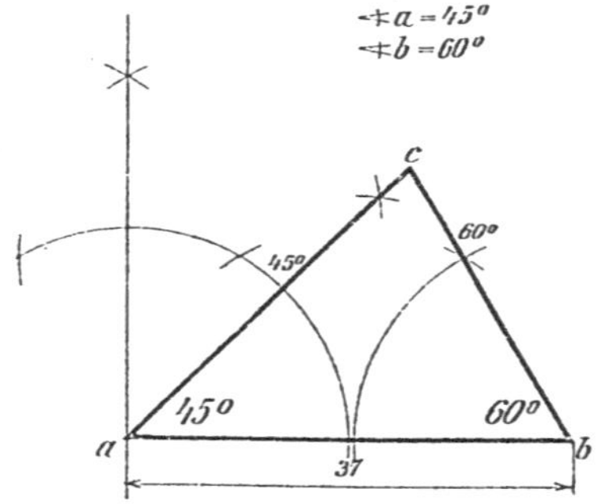

ab = 35
∢a = 70°
ac = 30

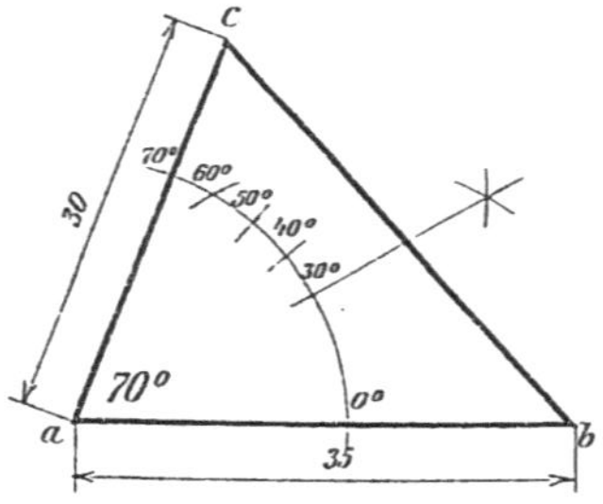

ab = 37
bc = 38
ac = 30

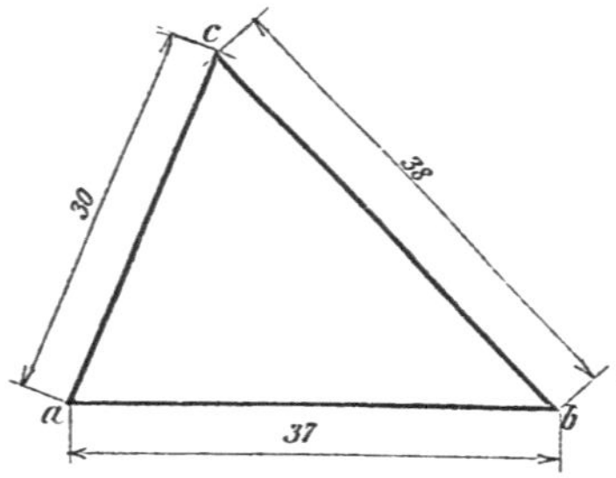

ab = 41
ac = 31
∢c = 75°

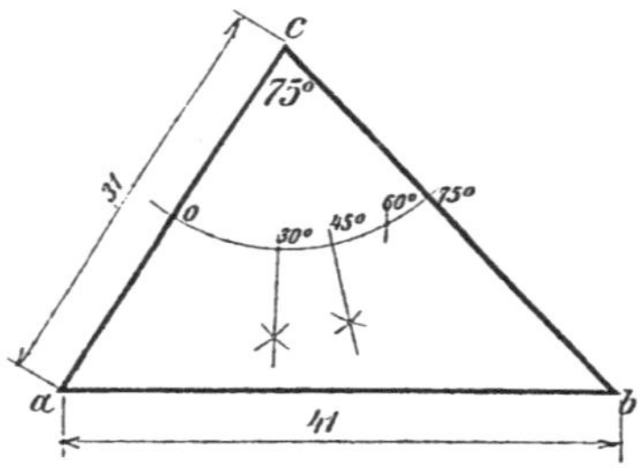

Rechtwinklige Dreiecke.

ab = 38
ac = 37

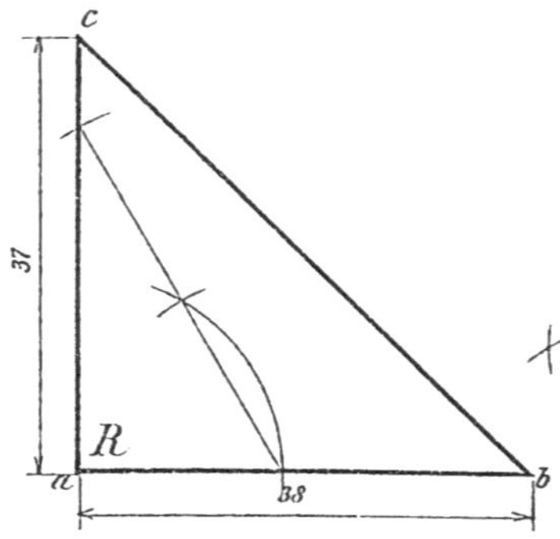

ab = 35
∢b = 50°

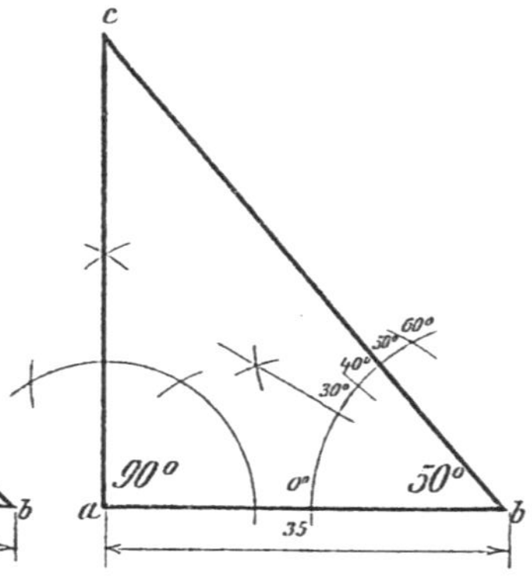

Gleichschenkliges Dreieck.

ab = 30
ac = bc = 44

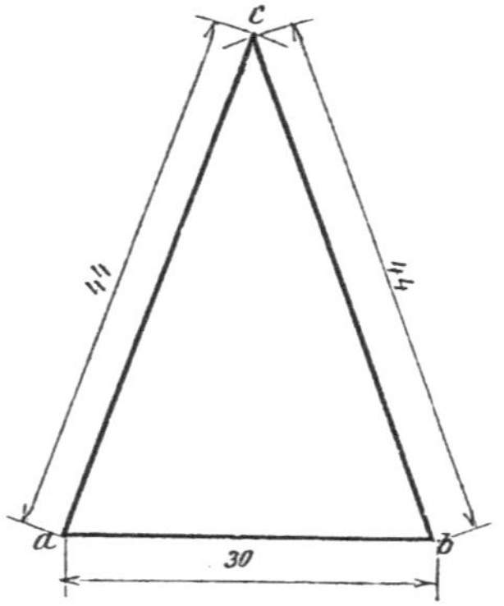

Gleichseitiges Dreieck.

ab = bc = ac = 43

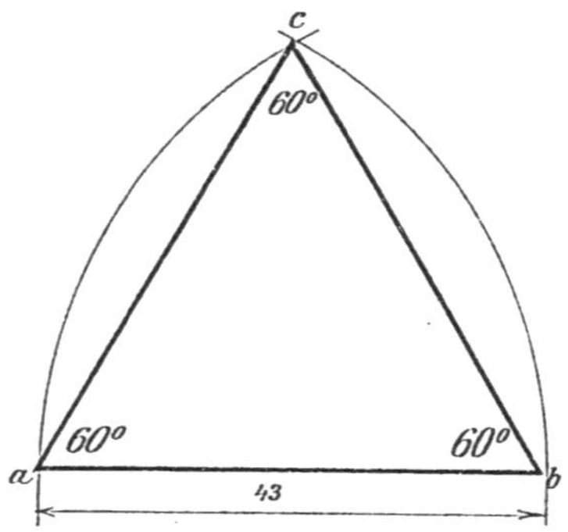

Die Lage zweier Geraden. (Tafel IX.)

Zwei gerade Linien, die in einer Ebene liegen, können sich entweder im Endlichen schneiden oder nicht schneiden, so weit man sie auch verlängern mag. Im letzteren Fall sind die beiden Geraden parallel. Parallele Linien haben überall gleichen Abstand voneinander. Zwei Linien, welche einen rechten Winkel miteinander bilden wie die beiden Schenkel des Winkeldreiecks, stehen senkrecht aufeinander. Parallele und senkrechte gerade Linien sind an den meisten Gegenständen des praktischen Lebens — z. B. an Kasten, Tischen, Gebäuden — zu beobachten.

Teilung einer Strecke. (Tafel X.)

Eine Strecke wird halbiert (in zwei gleiche Teile geteilt), indem man um ihre Endpunkte a und b zwei sich schneidende Kreise mit gleichen Radien beschreibt und deren Schnittpunkte verbindet. Der Schnittpunkt c der Verbindungslinie mit der gegebenen Strecke a b ist der gesuchte Mittelpunkt. Eine Strecke wird in eine beliebige Anzahl gleicher Teile geteilt, indem man durch einen Endpunkt derselben irgend eine Gerade zieht und auf derselben ebenso viele beliebige, aber gleiche Teile abträgt und den Endpunkt des letzten Stücks mit dem anderen Endpunkt der gegebenen Strecke verbindet. Die Parallelen durch die übrigen Teilpunkte der beliebigen Geraden mit dieser Verbindungslinie schneiden auf der gegebenen Strecke die gewünschte Anzahl von gleichen Teilen ab.

Der Winkel. (Tafel XI.)

Zieht man von einem Punkt O aus zwei gerade Linien O A und O B, die in ihrer Richtung voneinander abweichen, so schließen die-

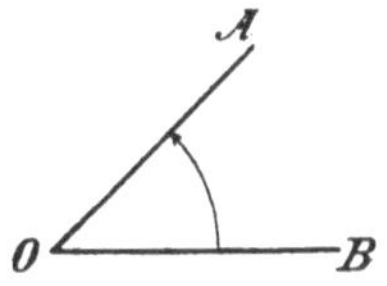

Fig. 435.

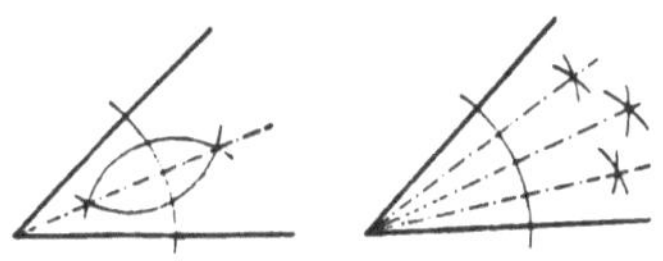

Fig. 436.

selben einen Teil der Ebene ein, den man als Winkelraum oder kurz als Winkel bezeichnet. Der Punkt O heißt Scheitel oder Spitze des Winkels, O A und O B bilden seine Schenkel. Gelesen wird der Winkel: ∢ A O B oder ∢ B O A.

Wie ein beliebiger Winkel mit Zirkel und Lineal in 2, 4, 8, 16, ... gleiche Teile geteilt wird, ist aus Figur 436 ersichtlich.

Die Aufgabe, einen solchen in 3, 5, 6, 7, ... gleiche Teile zu teilen, kann auf geometrischem Wege (d. h. mit Zirkel und Lineal) nicht gelöst werden. In diesem Fall wird die Teilung am einfachsten mit Hilfe des Spitzzirkels ausgeführt. Das Auftragen und Vervielfältigen von gegebenen Winkeln kann mit Hilfe des Zirkels oder des Transporteurs ausgeführt werden. (Vgl. Tafel XI.) Die Teilung einer Kreislinie in zwei gleiche Teile (Halbkreise), in vier gleiche Teile (Quadranten), in acht gleiche Teile (Oktanten) wird durch nebenstehende Figur veranschaulicht. Die Teilung eines Kreises in sechs gleiche Teile geschieht dadurch, daß man den Halbmesser von einem Punkt desselben sechsmal auf der Peripherie abträgt. Der zugehörige Zentriwinkel beträgt 60^0. Siehe Figur 438.

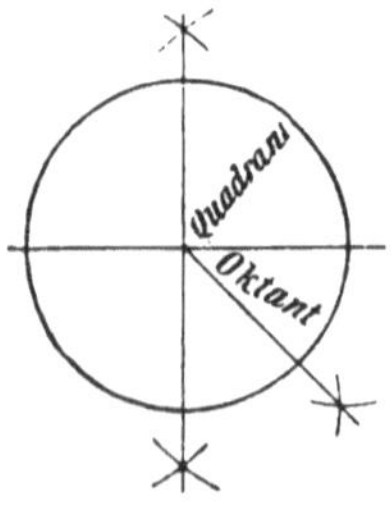

Fig. 437.

Wie ein Kreis in fünf gleiche Teile geteilt wird, ist aus Tafel XV zu ersehen.

Die Halbierung eines Bogens geschieht analog der eines Winkels.

Bei der Teilung eines Bogens in 3, 5, 7, ... gleiche Teile wird der Spitzzirkel benützt.

Um einen Winkel von 60^0 zu erhalten, beschreibe man einen beliebigen Kreisbogen und trage alsdann den Halbmesser desselben auf dem Bogen als Sehne ein. Die zu den Endpunkten derselben gehörigen Halbmesser schließen einen Zentriwinkel von 60^0 ein.

Die Konstruktion der Winkel von 30^0, 15^0, 75^0, 80^0, 108^0 und 120^0 ist aus den Zeichnungen ersichtlich. Teilt man die Kreislinie in 360 gleiche Teile, so nennt man einen solchen Teil einen Bogengrad (1^0). 1 Bogengrad ist gleich 60 Minuten ($1^0 = 60'$); 1 Minute hat 60 Sekunden ($1' = 60''$). Ein Winkel wird mittels des Transporteurs gemessen, eines Halbkreises, der in 180^0 geteilt ist.

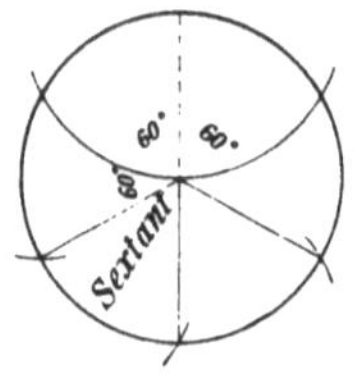

Fig. 438.

Das Dreieck. (Tafel XII.)

Zur Konstruktion eines Dreiecks sind drei Stücke erforderlich: drei Strecken oder zwei Strecken und ein Winkel oder eine Strecke und zwei

Tafel 13.

Das Viereck.

Trapezoid.

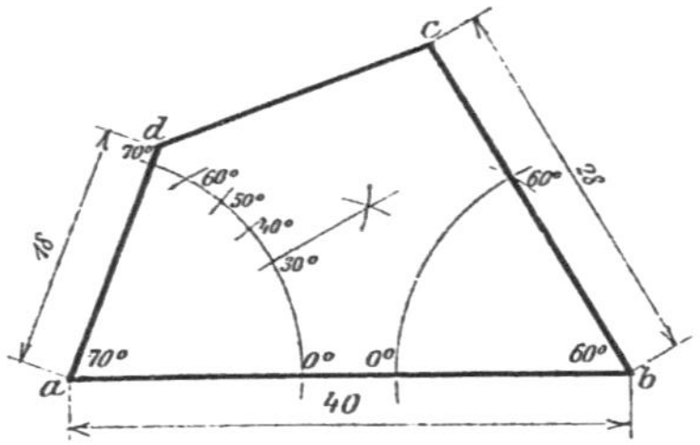

Trapez.

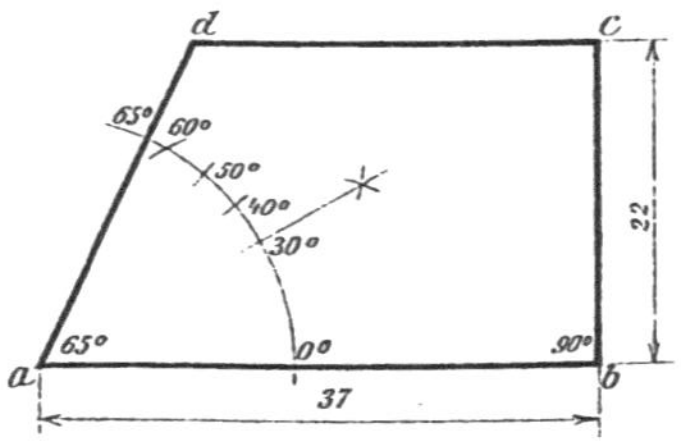

Gleichschenkl. Tr.

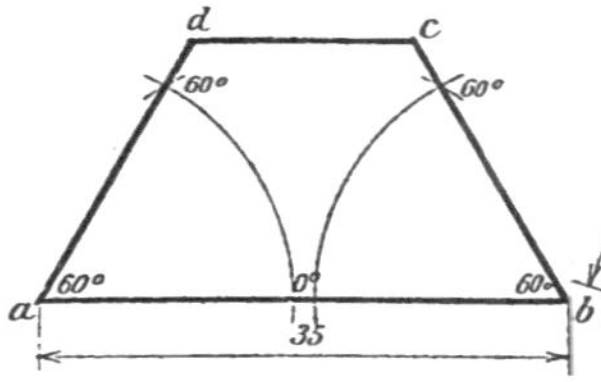

Rhomboid.

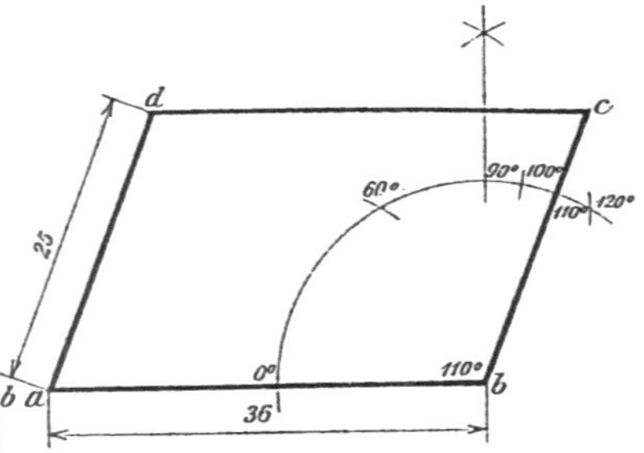

Rhombus.

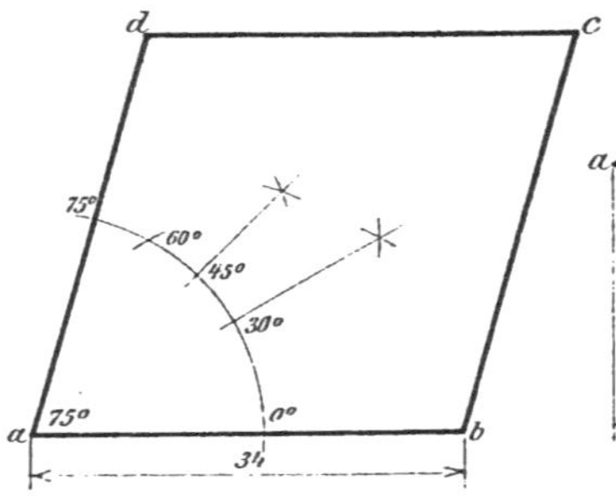

Rhombus.

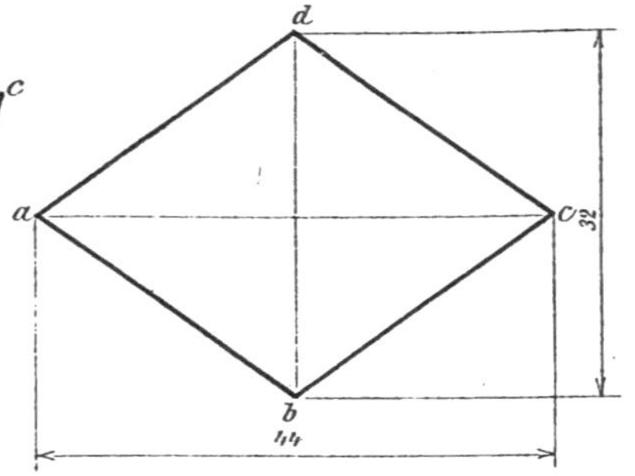

Rechteck.

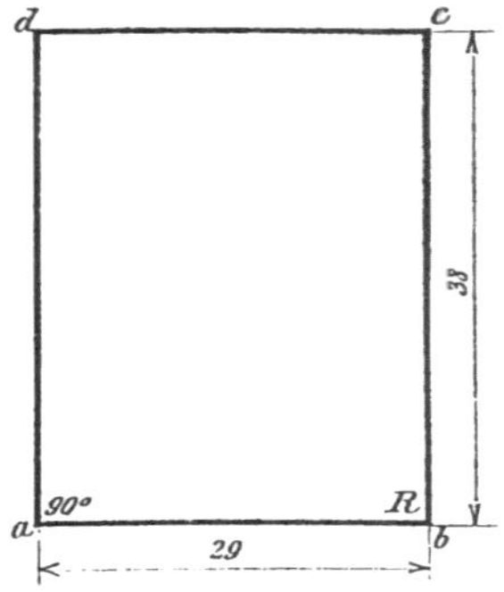

Quadrat.

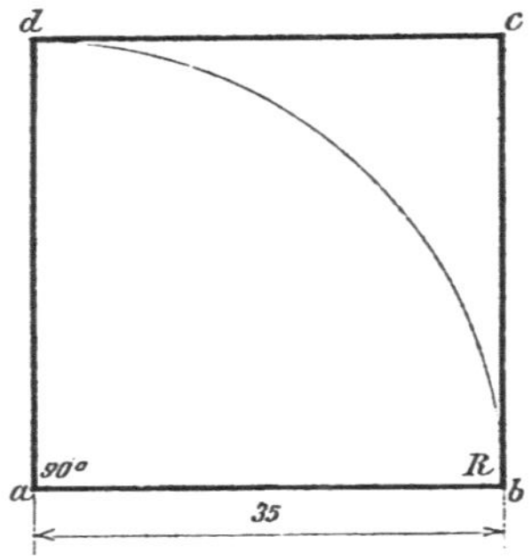

Tafel 14.

Parquet-Muster:

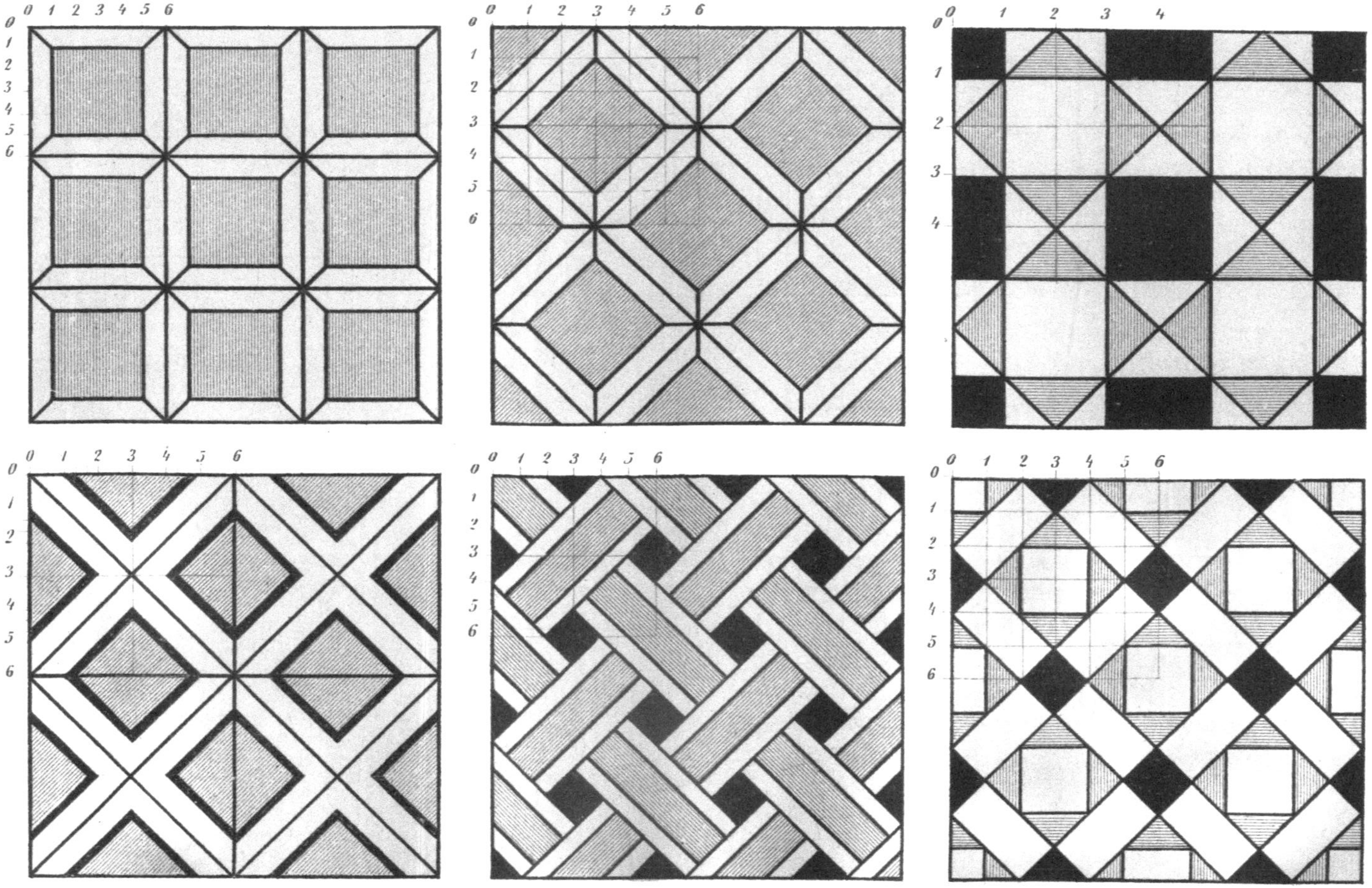

Tafel 15.

Regelmässige Vielecke.

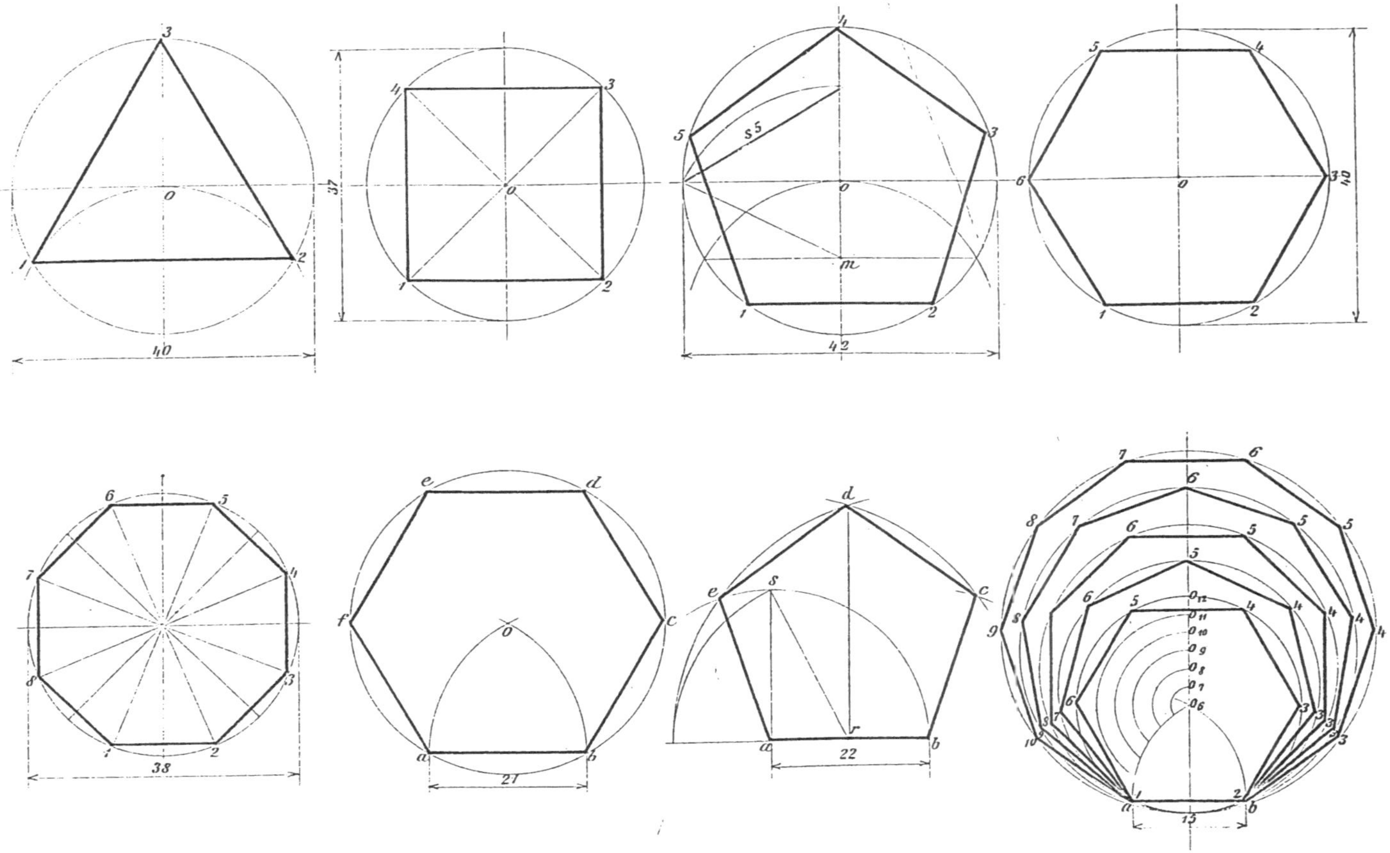

Pflaster-Muster:

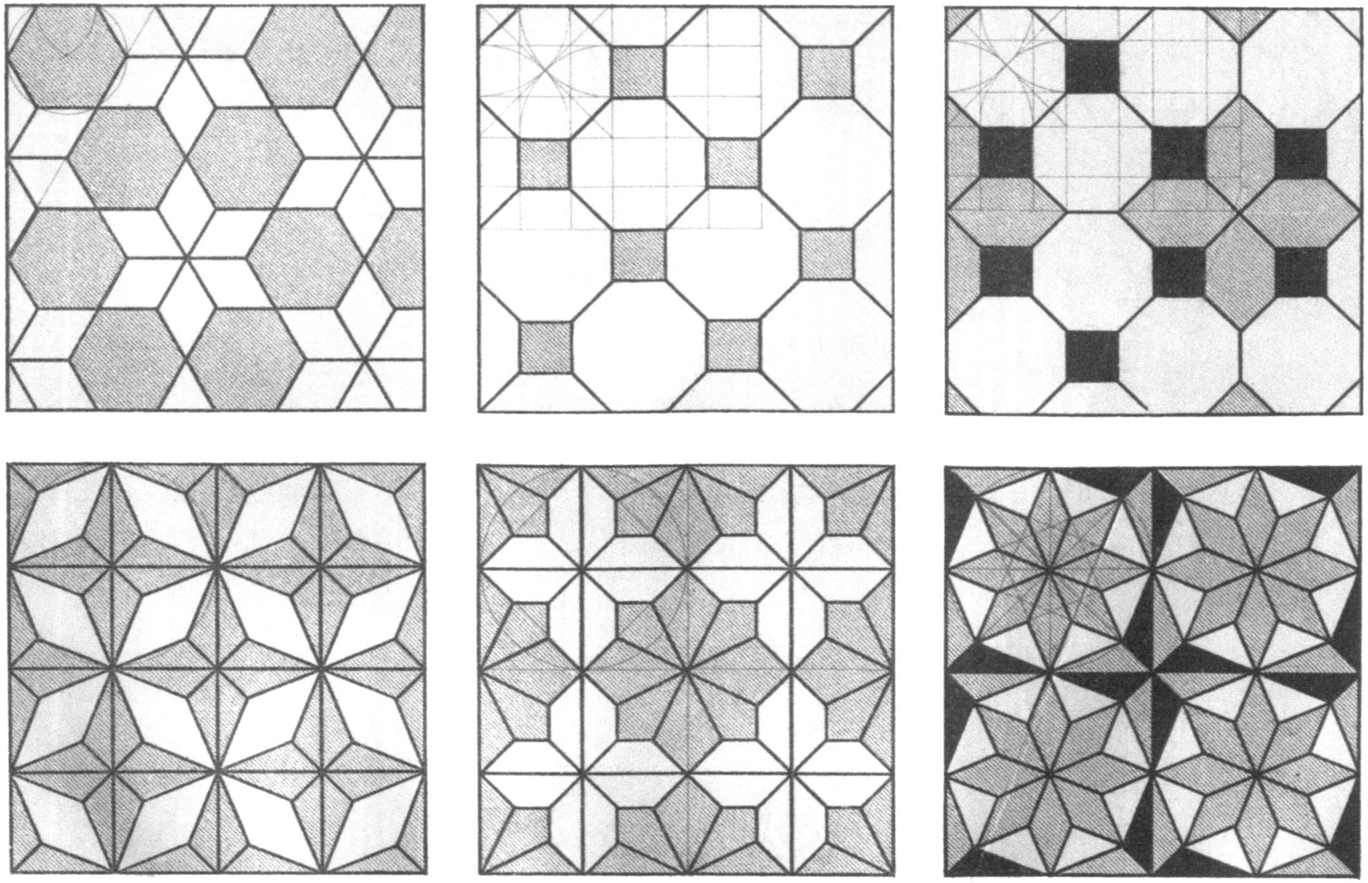

Winkel. Hinsichtlich der Seiten zerfallen die Dreiecke in ungleichseitige, gleichschenklige, in welchen zwei Seiten gleich sind, und in gleichseitige, in welchen sämtliche Seiten einander gleich sind. In bezug auf die Winkel unterscheidet man spitz-, stumpf- und rechtwinklige Dreiecke. Im gleichseitigen Dreieck sind die drei Seiten sowie auch die drei Winkel (60^0) einander gleich; es ist deshalb ein regelmäßiges Dreieck.

Das Viereck. (Tafel XIII.)

Die Vierecke zerfallen 1. in gewöhnliche Vierecke (Trapezoide), in welchen kein Paar Gegenseiten parallel noch gleich ist, 2. in Trapeze, in denen ein Paar Gegenseiten (Grundlinien genannt) parallel laufen, 3. in Parallelogramme, in welchen beide Paare von Gegenseiten parallel sind. Sind in einem Trapez die nichtparallelen Seiten (Schenkel) einander gleich, so heißt es gleichschenklig. Die Parallelogramme zerfallen 1. in das gewöhnliche (schiefwinklige) Parallelogramm oder Rhomboid, in welchem nicht zwei anstoßende Seiten gleich sind, 2. in das gleichseitige Parallelogramm oder den Rhombus, 3. in das Rechteck, in welchem zwei anstoßende Seiten verschiedene Längen haben und sämtliche Winkel rechte sind, 4. in das Quadrat oder das regelmäßige Parallelogramm, in welchem alle Seiten und alle Winkel gleich sind.

Tafel XIV (Parkettmuster) enthält Beispiele über Drei- und Vierecke.

Konstruktion der regelmäßigen Vielecke (Polygone). (Tafel XV.)

Regelmäßige Vielecke haben gleiche Seiten und gleiche Winkel und werden entweder in einen gegebenen Kreis einbeschrieben (Fig. 1, 2, 3, 4, 5) oder über einer gegebenen Seite konstruiert (Fig. 6, 7, 8).

Regelmäßige Vielecke finden mannigfache Anwendung: bei Parketten, Mosaiken, Rosetten, Webe- und Flechtmustern. Außer den regelmäßigen kommen noch sternförmige Vielecke vor. Dieselben entstehen, wenn man von einem Eckpunkte eines regelmäßigen Vielecks die übrigen in einer bestimmten Reihenfolge durch Gerade verbindet.

Die Pflastermuster. (Tafel XVI.)

Die Anwendung regelmäßiger Vielecke ist besonders bei Pflaster- und Parkettmustern zu ersehen.

Kreistangenten. (Tafel XVII.)

Den Berührungspunkt einer Tangente findet man, indem man von dem Mittelpunkt des Kreises ein Lot auf dieselbe fällt. Die Strecke, welche die Mittelpunkte zweier exzentrischer Kreise verbindet, heißt Zentrale. Die Konstruktion der Tangenten ist aus dem Blatte ersichtlich. Tafel XXV Pflastermuster enthält Beispiele über Kreistangenten, sich berührende und schneidende Kreislinien.

Teilung der Kreislinie. (Tafel XVIII.)

Die Konstruktion der Figuren beruht auf der Einteilung eines Kreises in eine gewisse Anzahl von gleichen Teilen, wie sie auf Tafel XV ausgeführt worden ist.

Berührende Kreise. (Tafel XIX und XXI.)

Der Berührungspunkt B zweier Kreise wird konstruiert, indem man deren Mittelpunkte (M und N) verbindet. Zwei exzentrische Kreise können sich entweder berühren oder schneiden oder auch gar nicht treffen. Berührende Kreise hinwiederum können sich von außen oder von innen berühren. Haben aber zwei Kreise zwei Punkte ihrer Peri-

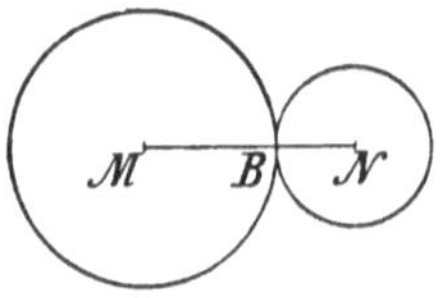

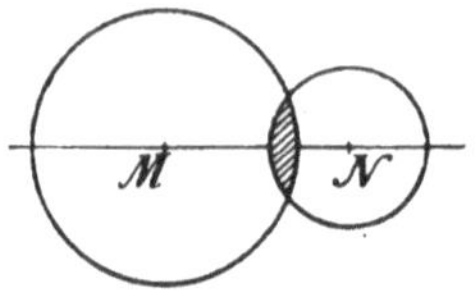

Fig. 439.

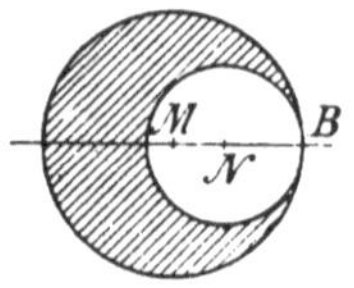

Fig. 440.

pherien (Umfänge) gemein, so schneiden sie sich, und das gemeinschaftliche Stück heißt „Linse“ (Fig. 439). Berühren sich zwei Kreise von innen, so nennt man das nicht gemeinschaftliche Stück (Fig. 440) Mondsichel. Zwei exzentrische Kreise, welche sich weder berühren, noch schneiden, können ganz ineinander oder ganz außerhalb voneinander liegen. Berührende Kreise sieht man sehr häufig, z. B. an Gittern, an Mosaiken und Flechtmustern.

Architektonische Bogen. (Tafel XIX.)

Die architektonisch wichtigsten Kreisbogen sind: 1. der volle oder Rundbogen (römischer Bogen genannt), 2. der Segmentbogen (Aufgabe:

Tafel 17.

Kreistangenten.

Gegeben: r = 25, Punkt a.

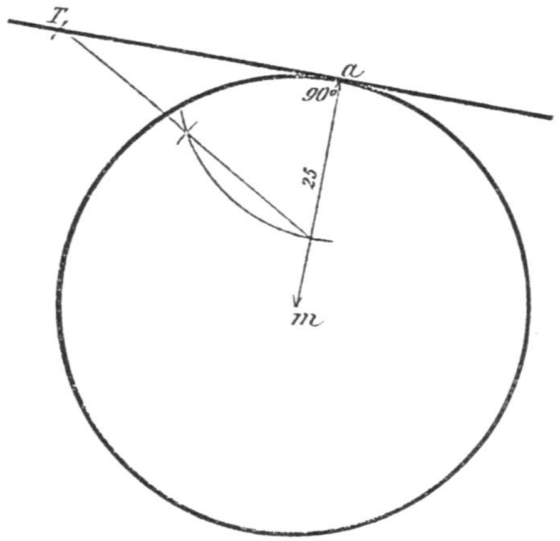

Gegeben: r = 20, Punkt c.

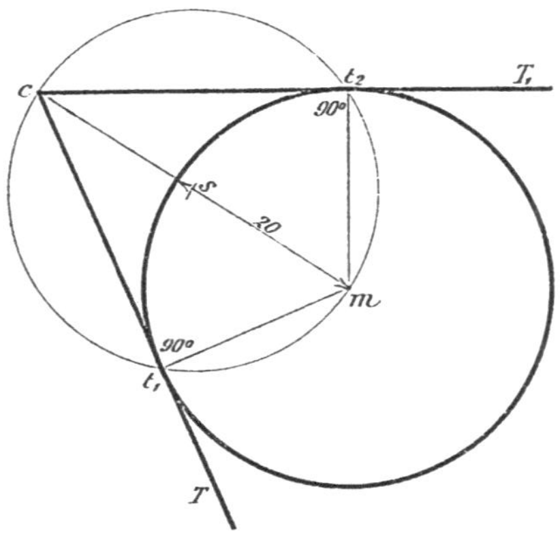

Gegeben: r = 22, Gerade a b.

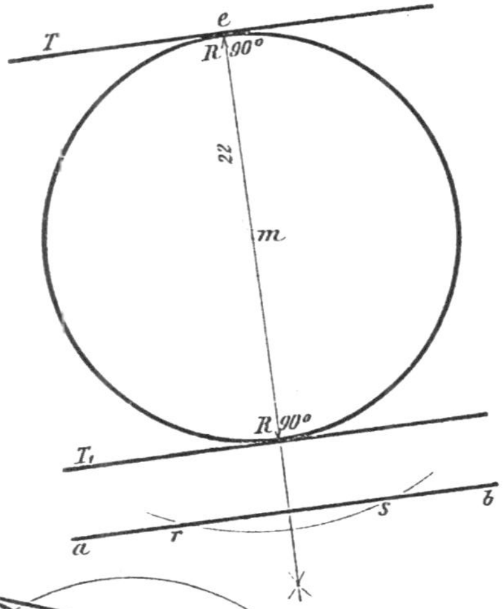

Innere und äussere Tangenten.

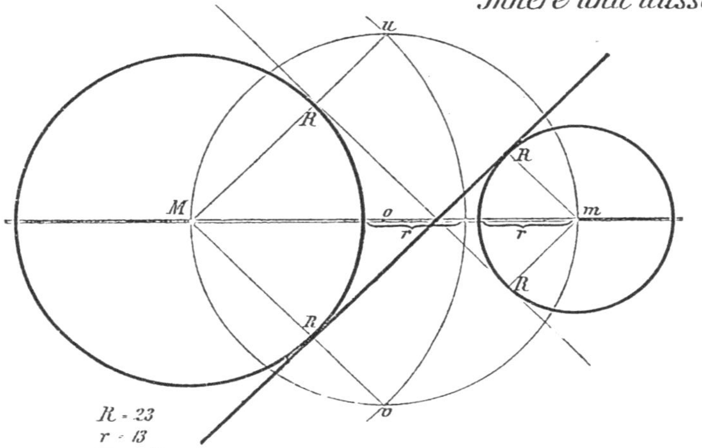

R = 23
r = 13
Mm = 51

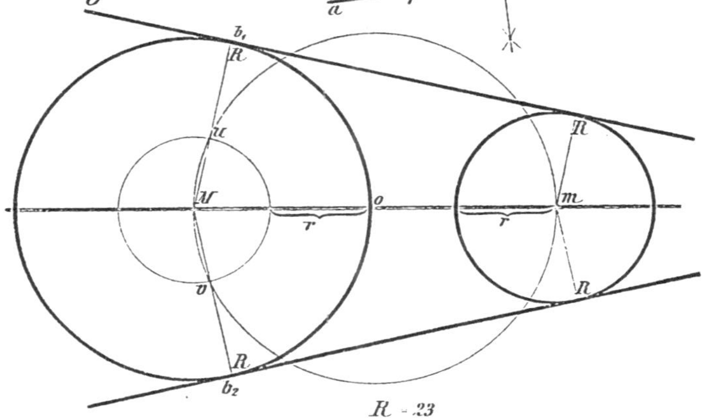

R = 23
r = 13
Mm = 47

Teilung der Kreislinie.

Circularsäge.

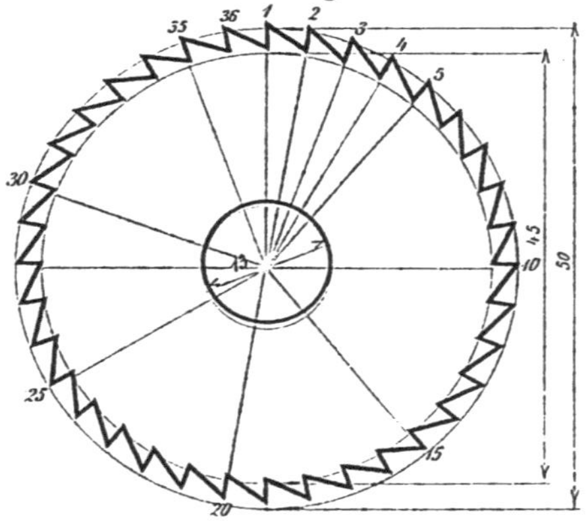

Fraise auf Eisen.

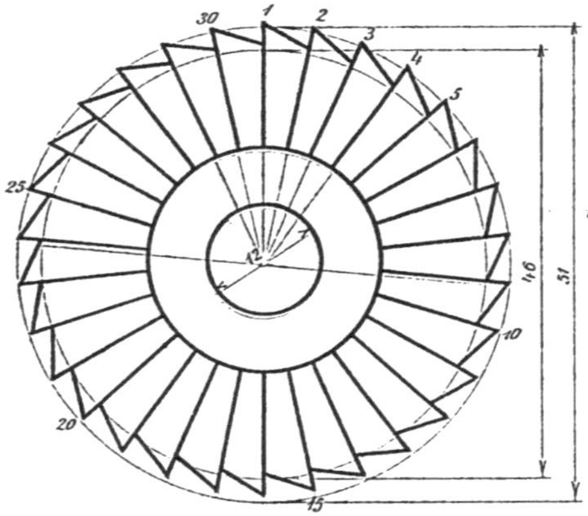

Zahnrad.

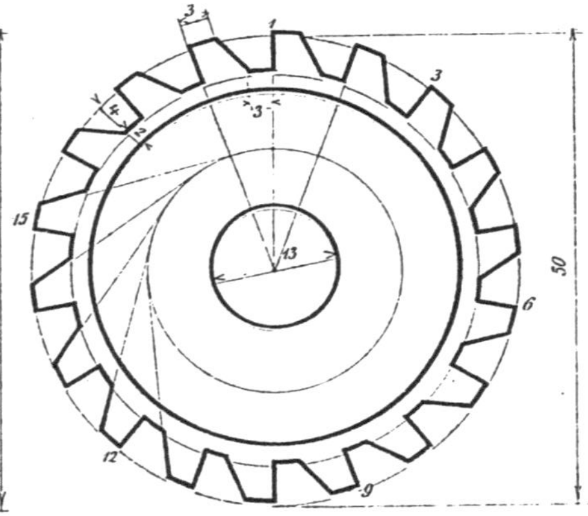

Zahnrad.

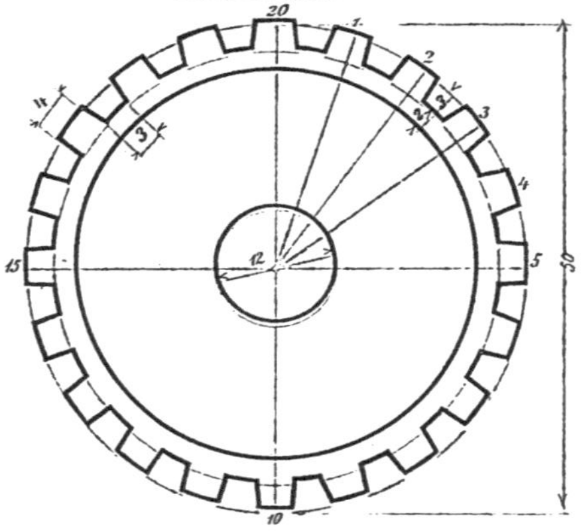

Kammrad.

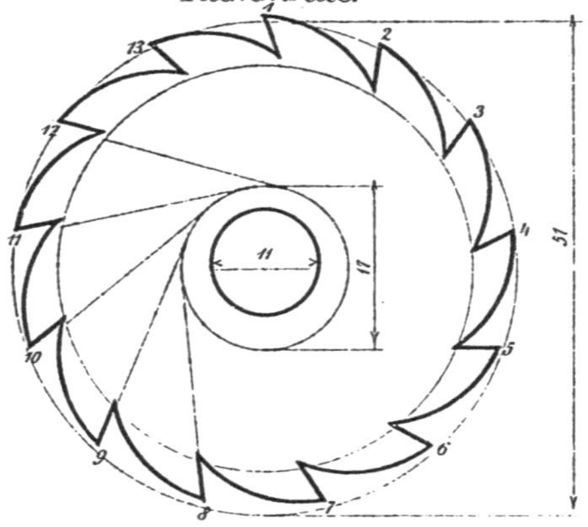

Fraise auf Holz.

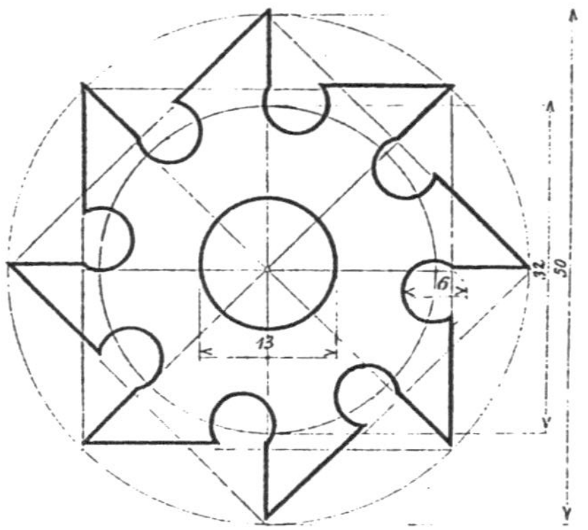

Architectonische Bögen.

Römischer Bogen.

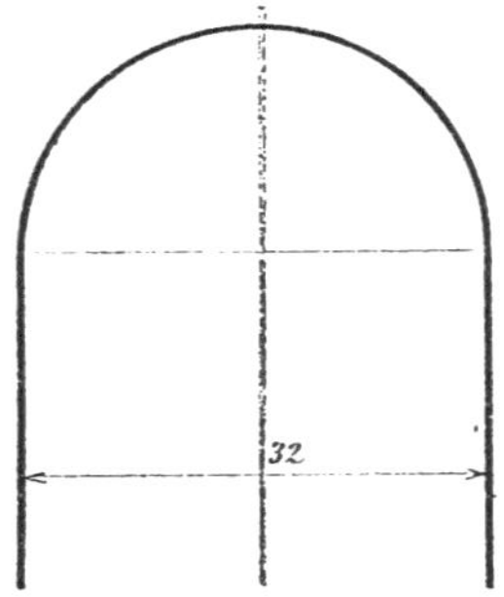

Segmentbogen.

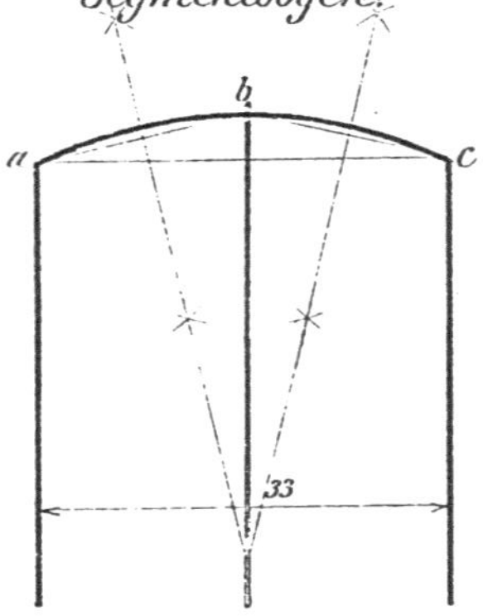

Korbbogen.

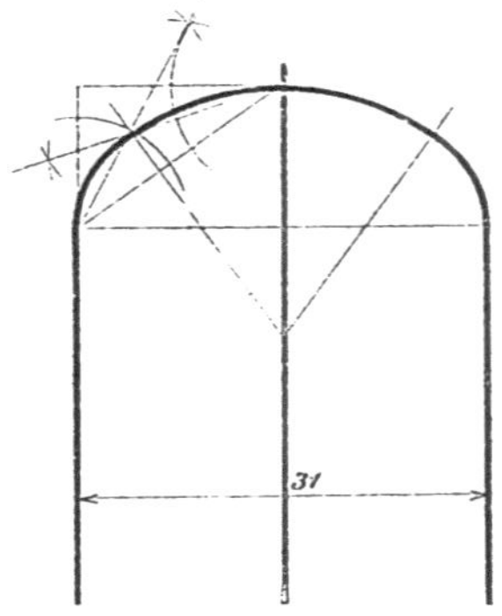

Arbelus.

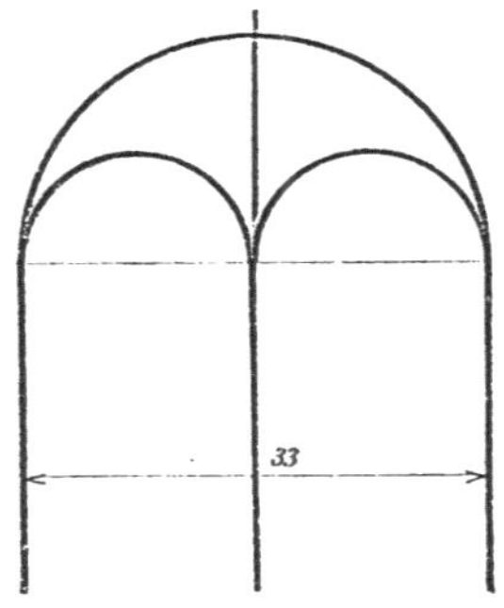

Schwanenhals.

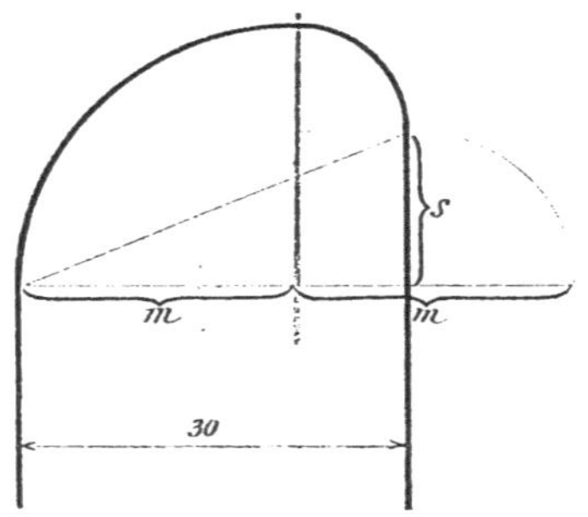

Gotischer Bogen.

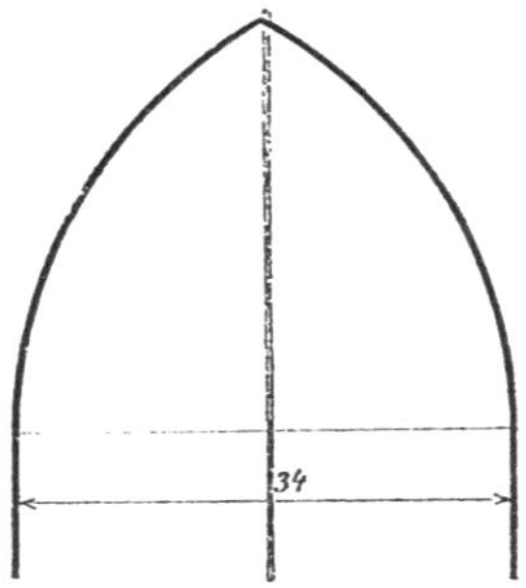

Spitzer got. Bogen.

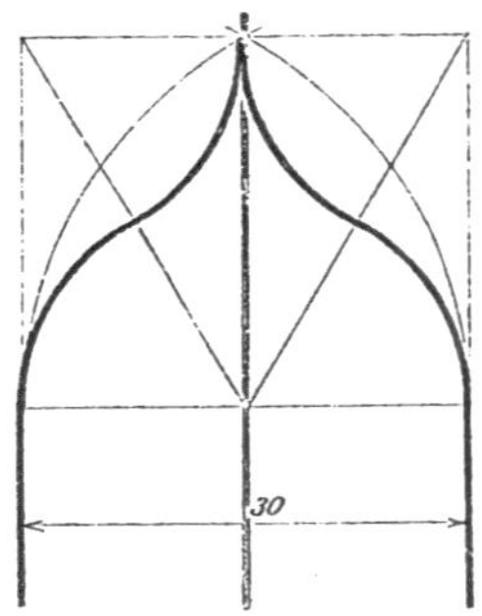

Kleeblatt.

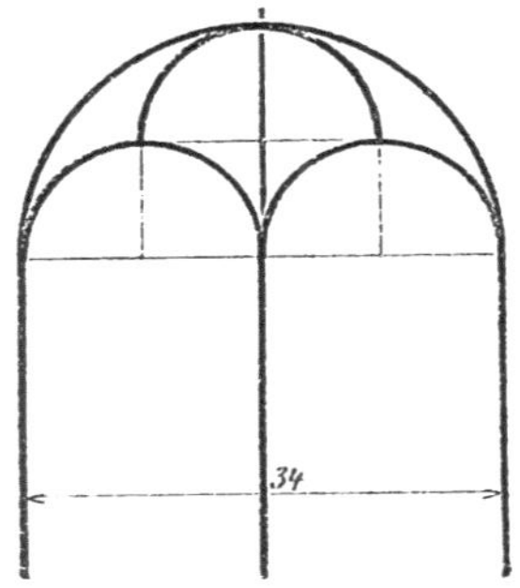

Tafel 20.

Gesimsprofile.

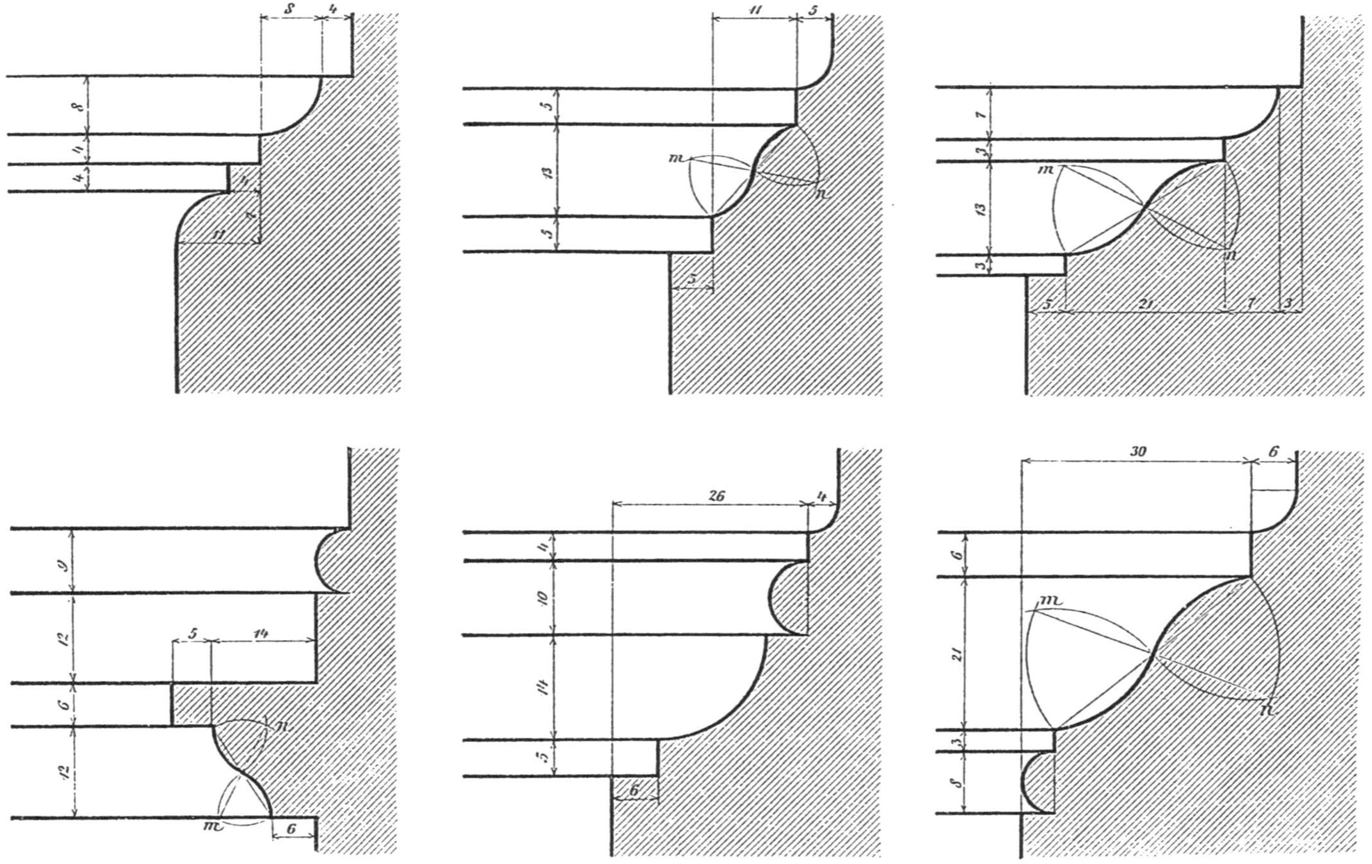

Berührende Kreise.

1:10.

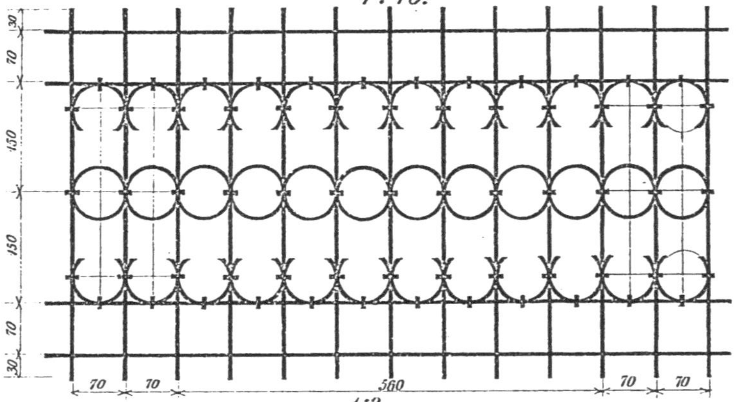

1:10.

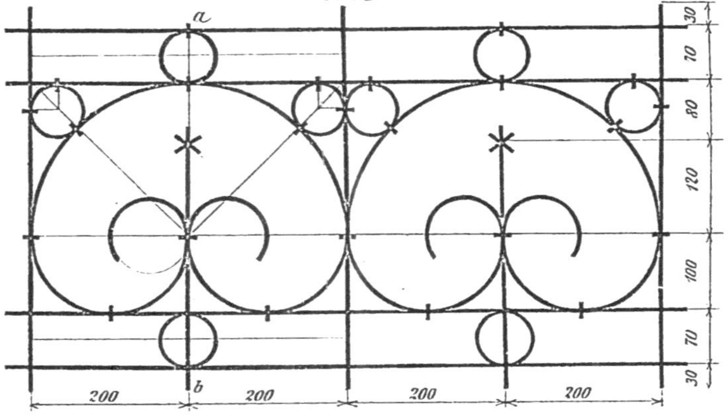

1:2

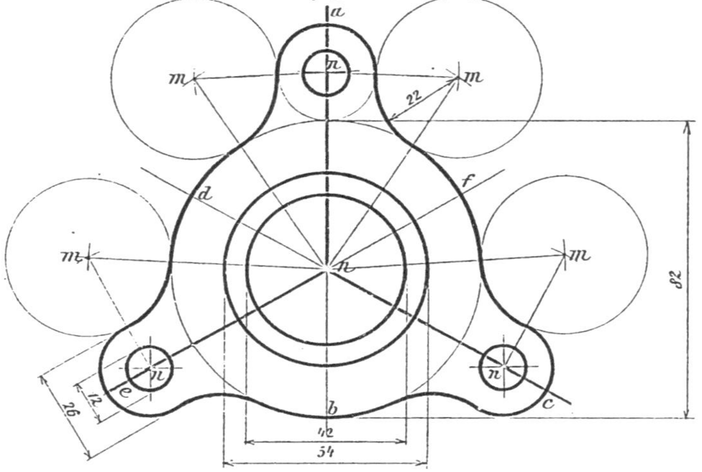

× 1:2. ×

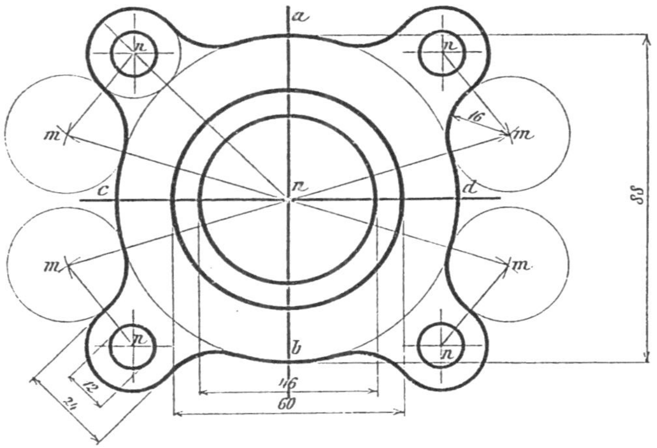

Tafel 18.

Teilung der Kreislinie.

Circularsäge.

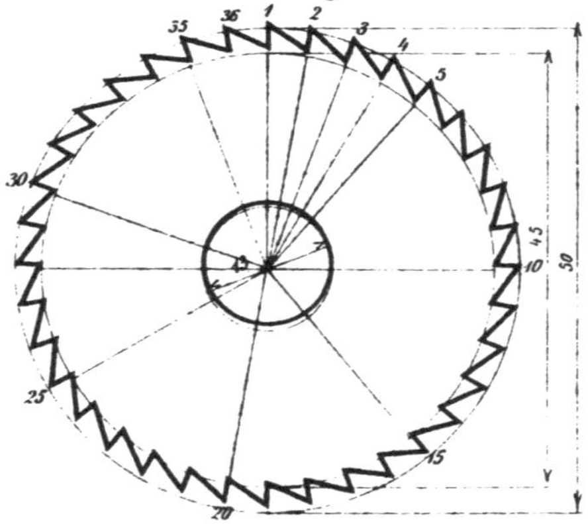

Fraise auf Eisen.

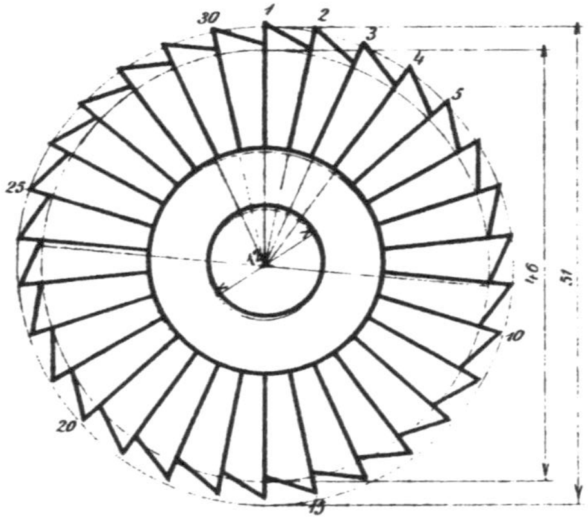

Zahnrad.

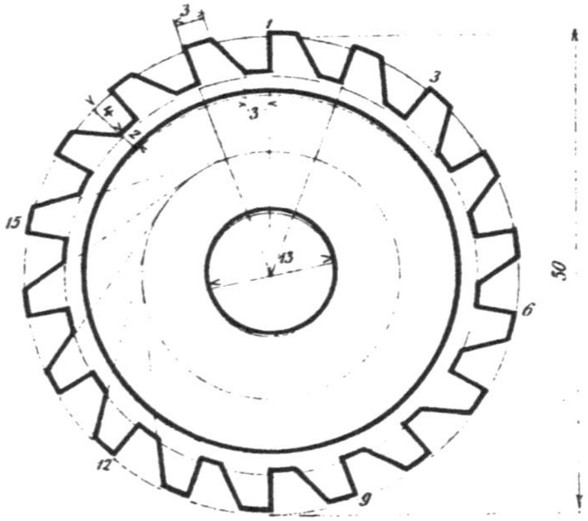

Zahnrad.

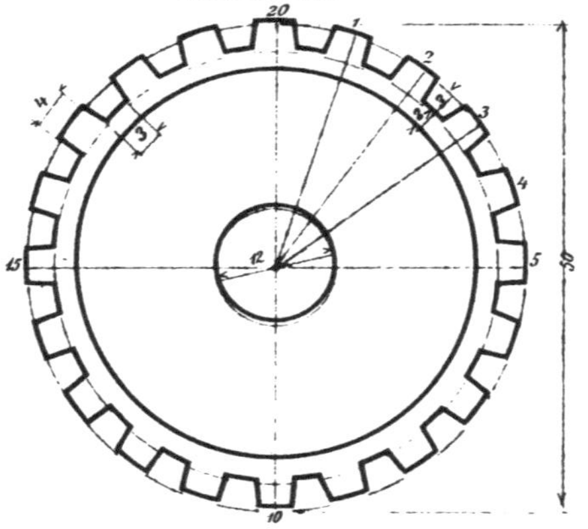

Kammrad.

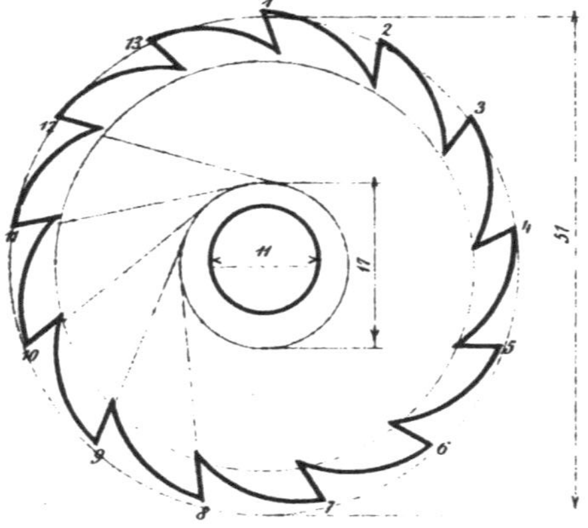

Fraise auf Holz.

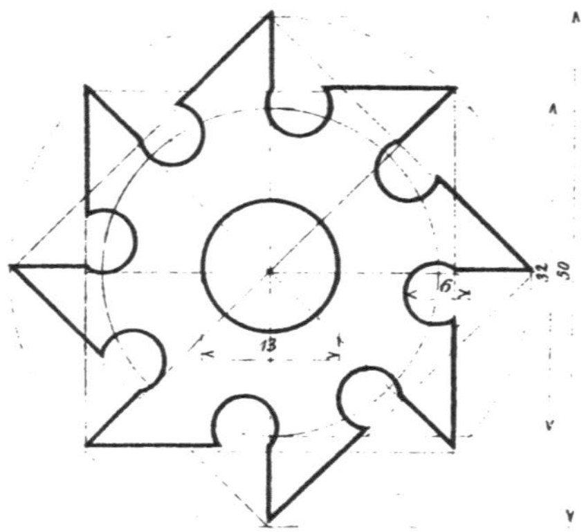

Tafel 19.

Architectonische Bögen.

Römischer Bogen.

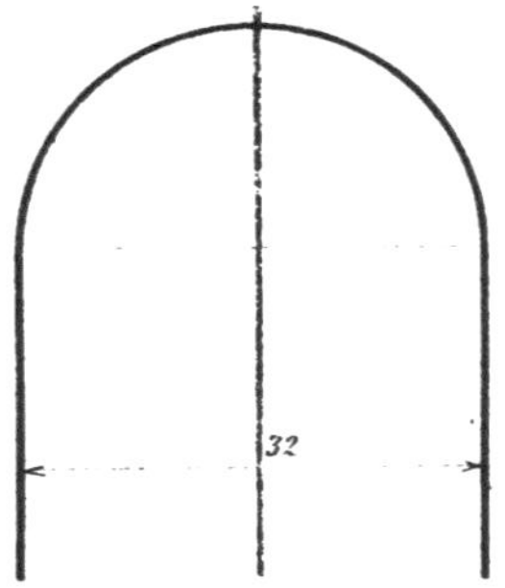

Segmentbogen.

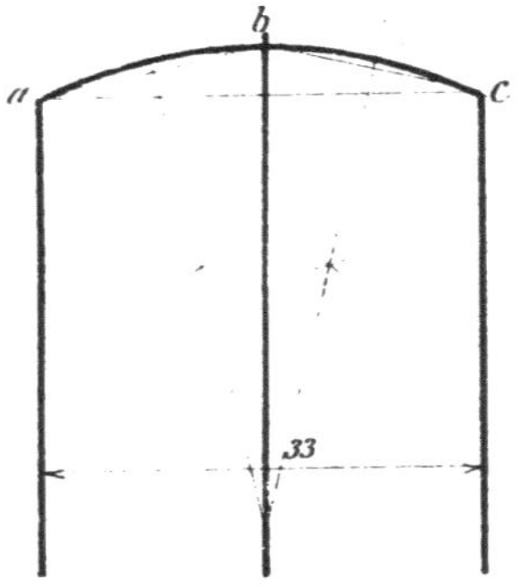

Korbbogen.

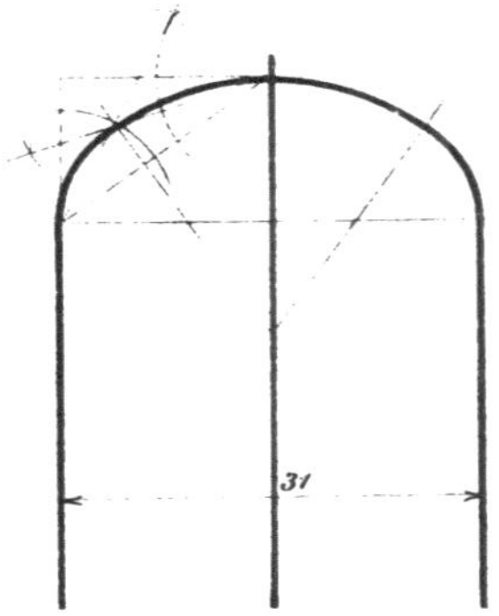

Arbelus.

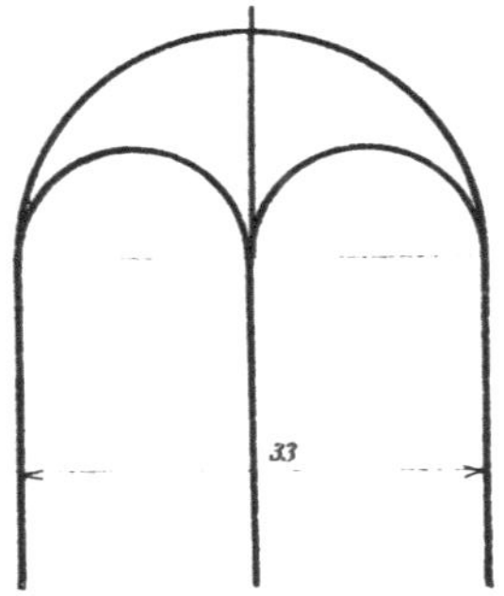

Schwanenhals.

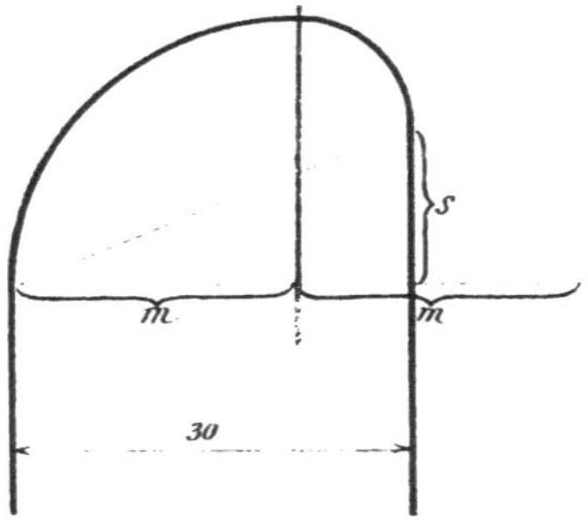

Gotischer Bogen.

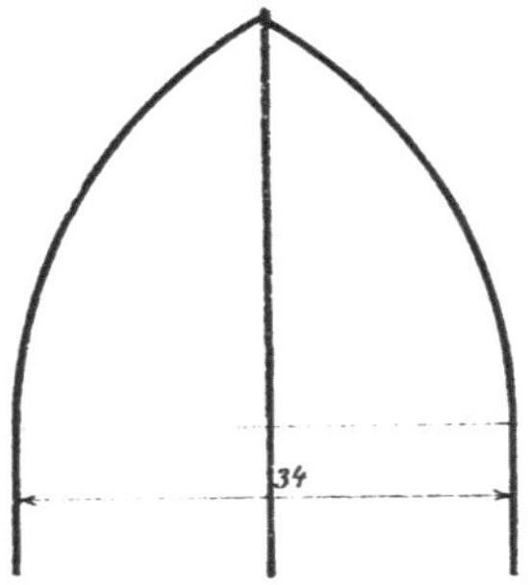

Spitzer got. Bogen.

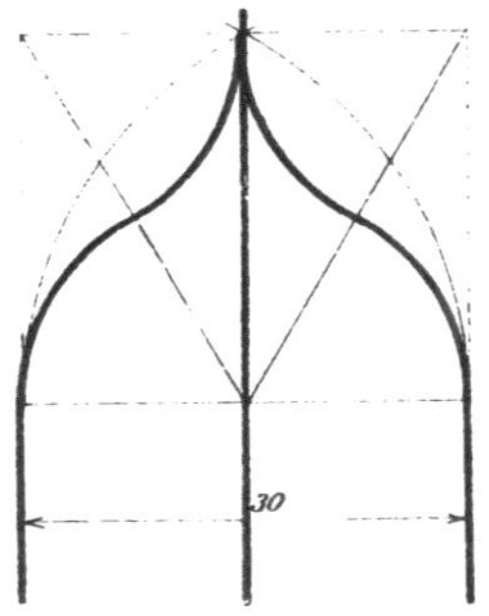

Kleeblatt.

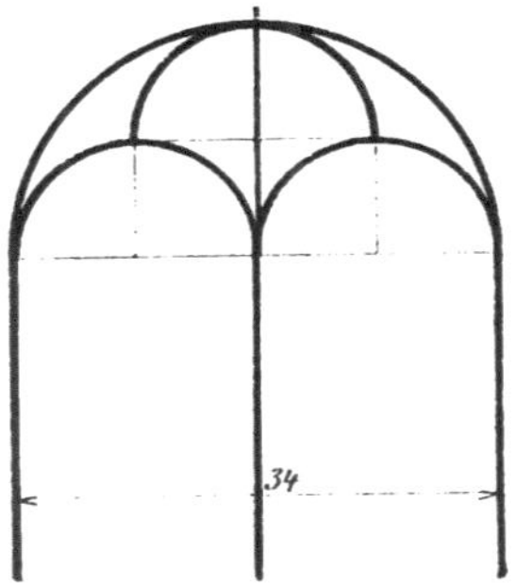

Tafel 21.

Berührende Kreise.

1:10.

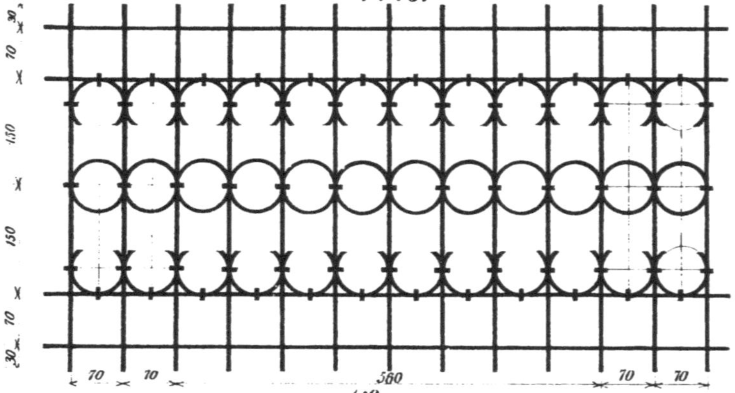

1:10.

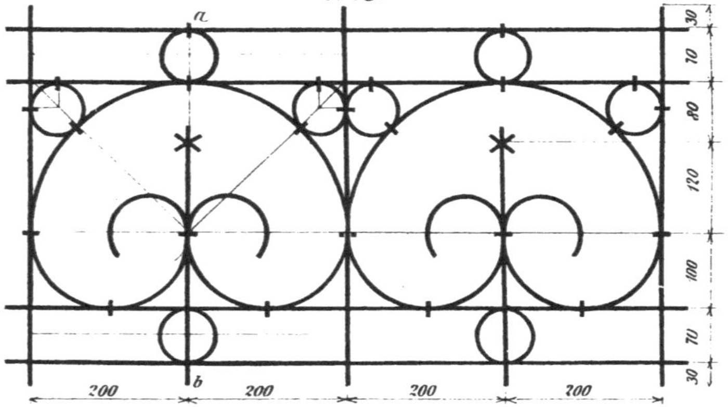

1:2

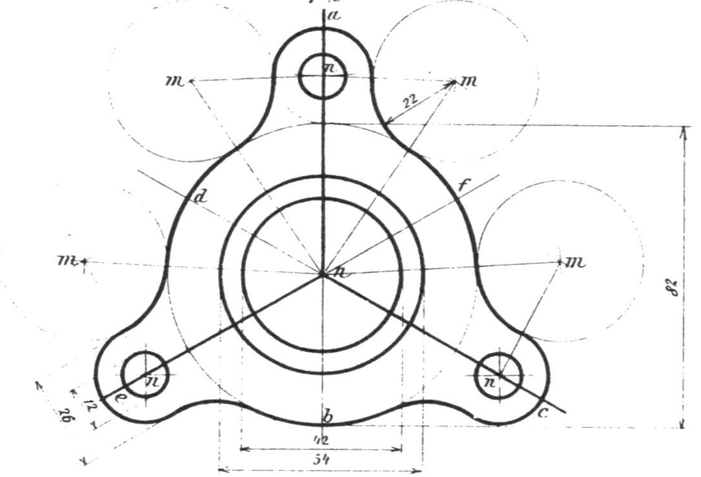

1:2.

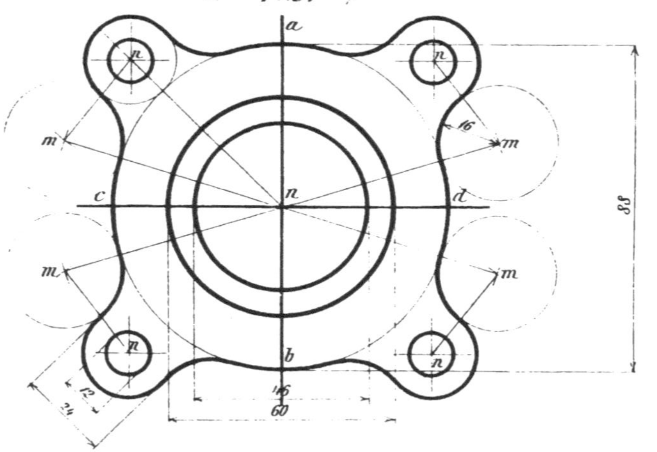

Tafel 20.

Gesimsprofile.

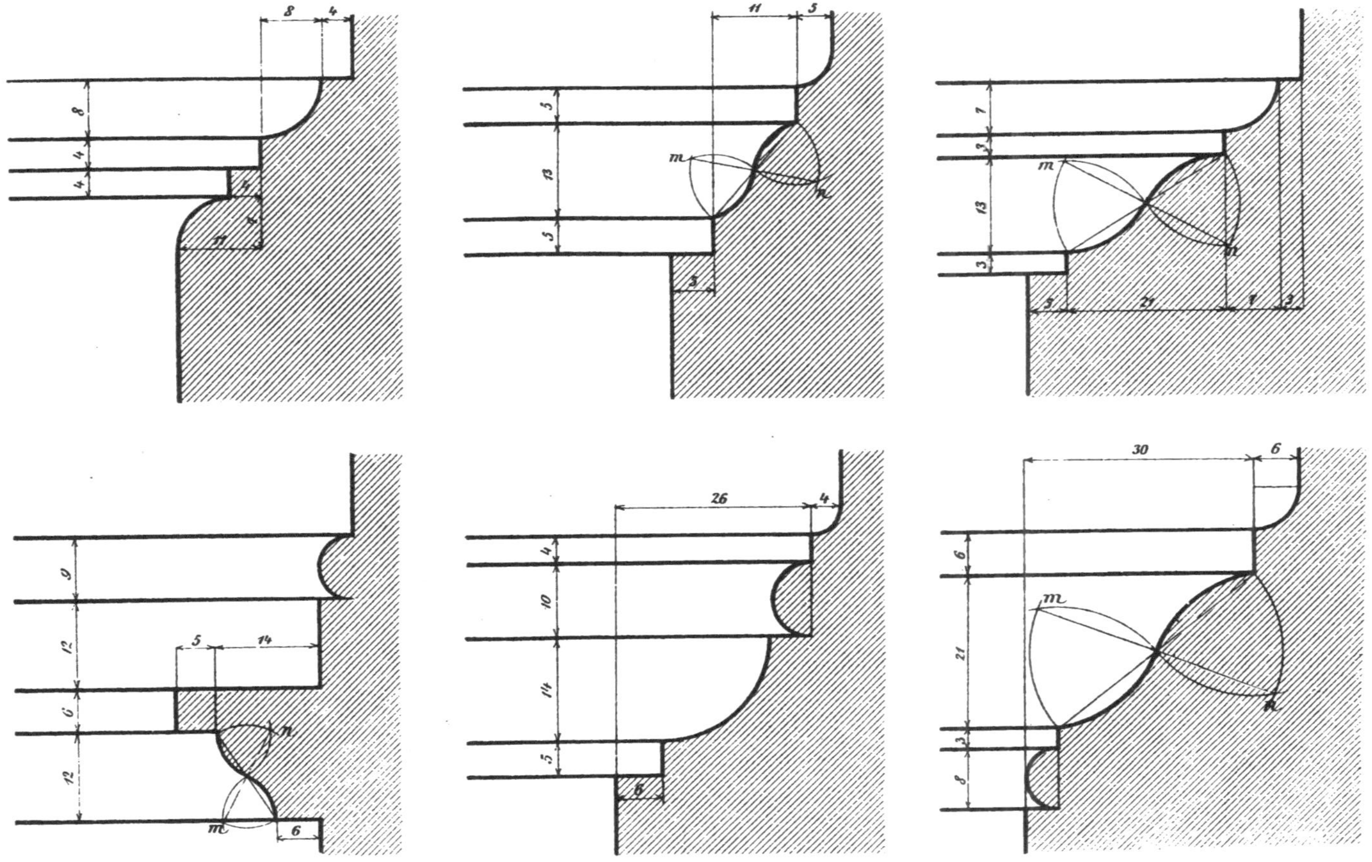

Das Verkleinern.

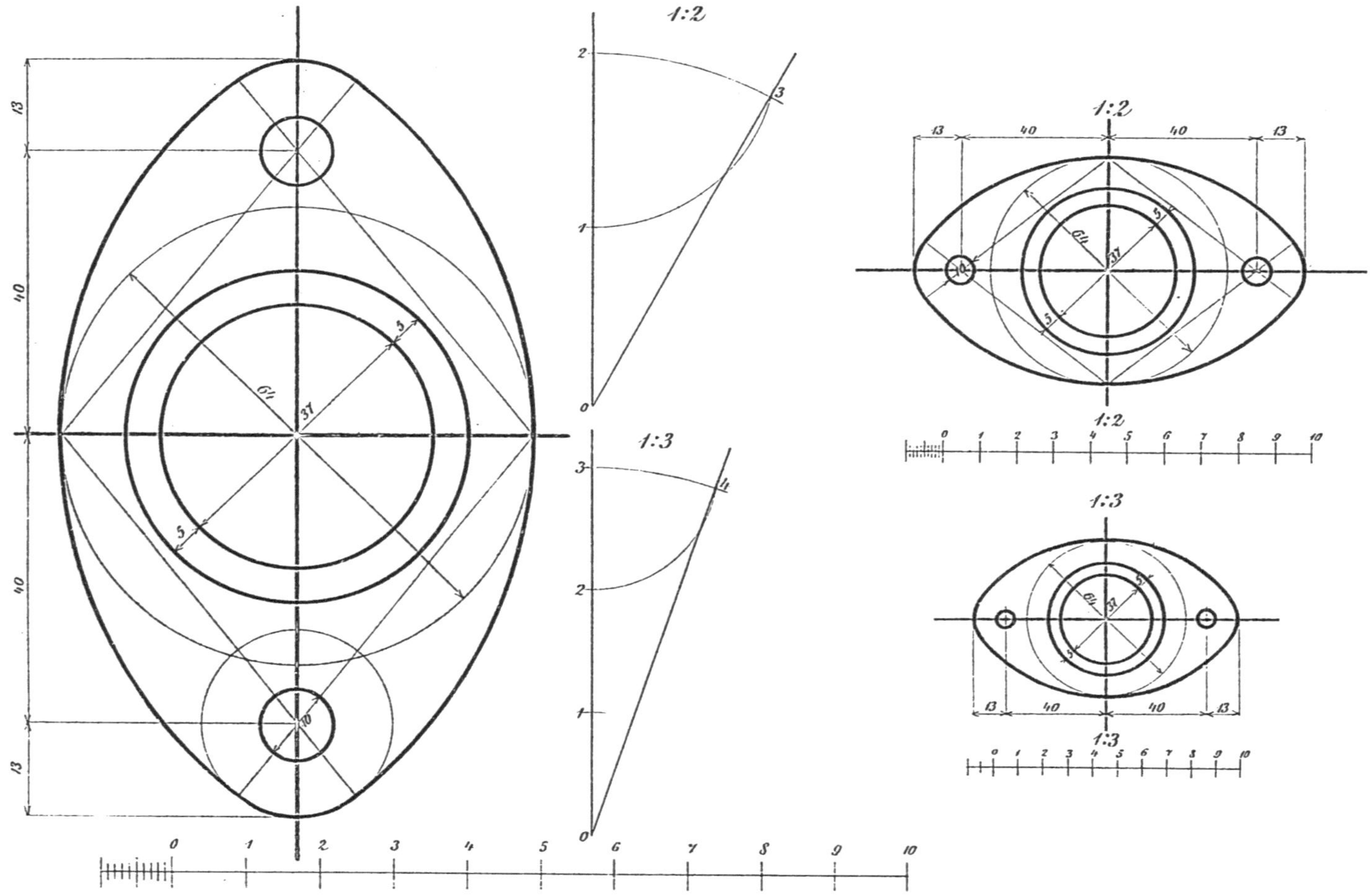

Tafel 23.

Ovallinie.

gegeben: $ab = 46$
$cd = 33$

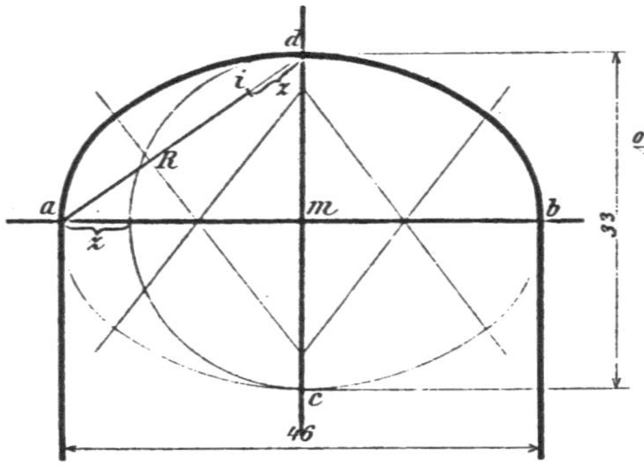

Eilinie.

$ab = 28$

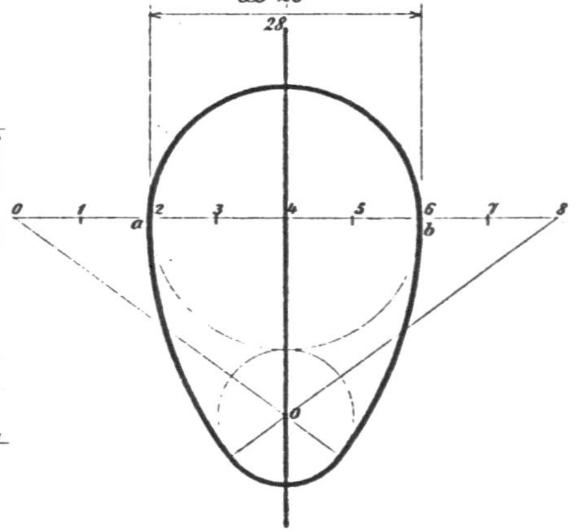

Ovallinie.

$ab = 46$, $cd = 33$

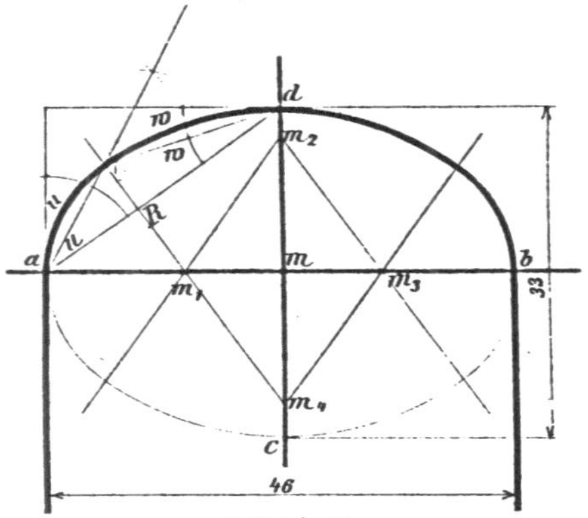

$\sphericalangle w = \sphericalangle w$
$\sphericalangle u = \sphericalangle u$

$ab = 45$, $f_1 f_2 = 36$
$gf_1 + gf_2 = ab$

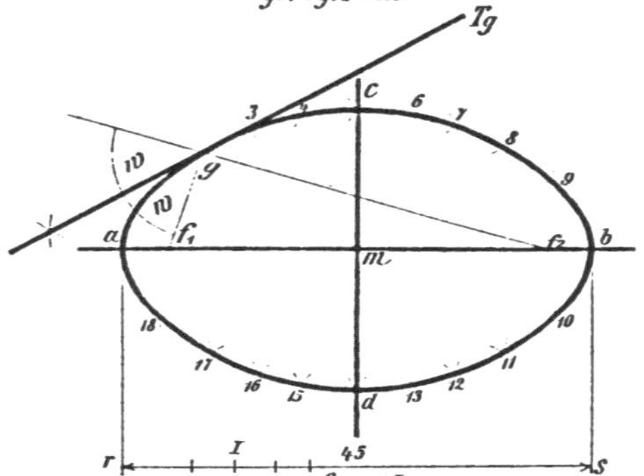

$gf_1 = r.I$
$gf_2 = I,s$

Ellipse.

$ab = 45$ $dc = 28$

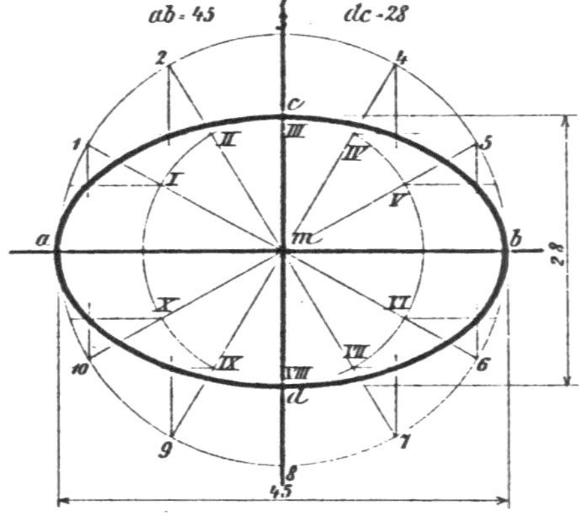

$ab = 43$, $cd = 29$

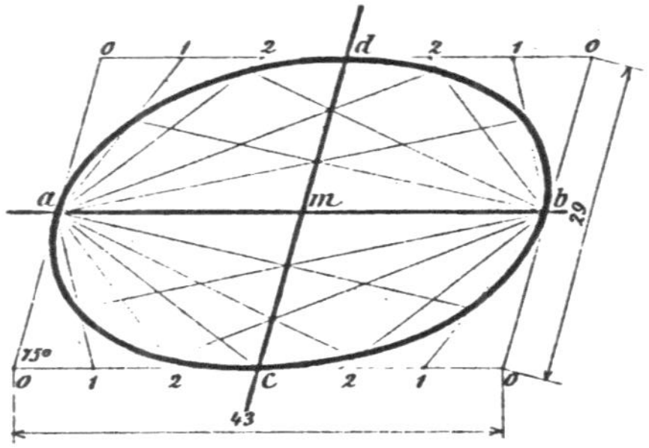

Tafel 24.

Parabel.

Pf = Ps.

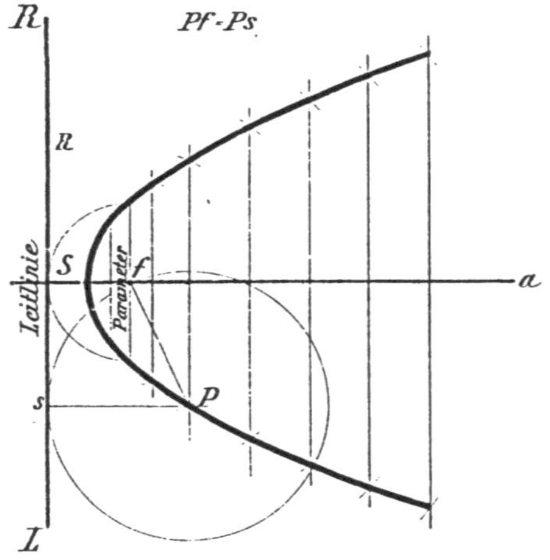

Kreisevolvente.

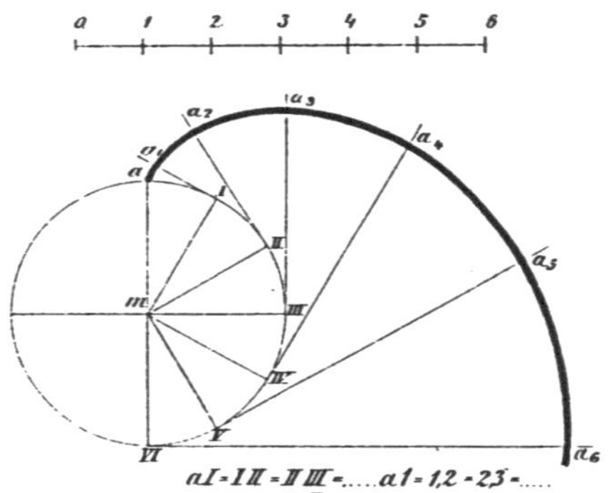

$aI = I\,II = II\,III = \ldots\ldots a1 = 1,2 = 2,3 = \ldots\ldots$

$a_1I = a1$

$a_2II = a,2$

$a_3III = a,3\ldots\ldots$

Hyperbel.

$Pf_2 - Pf_1 = ab$

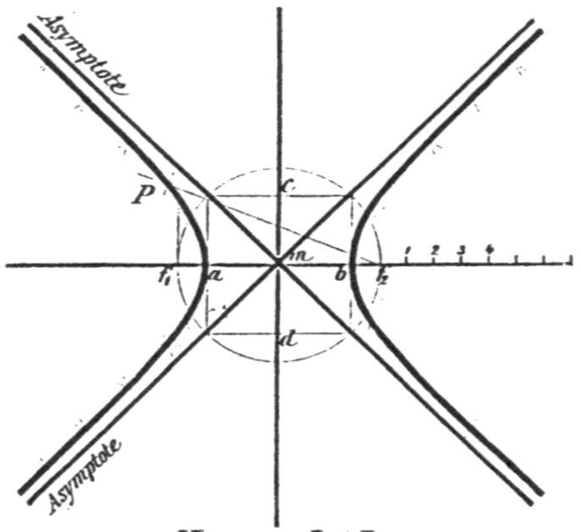

Cycloide.

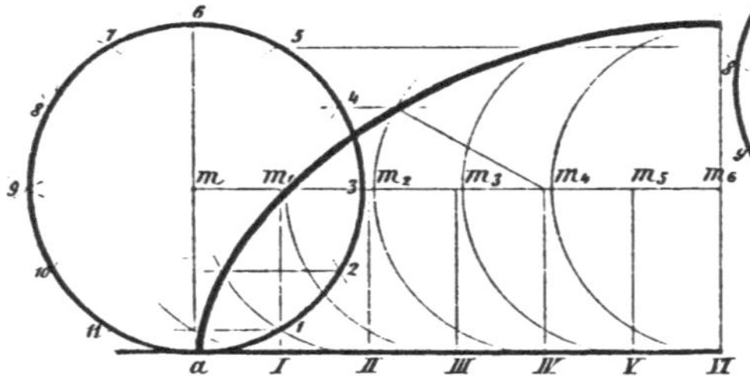

$aI = I\,II = II\,III = \ldots\; a,1 = 1,2 = 2,3 = \ldots$

Epicycloide.

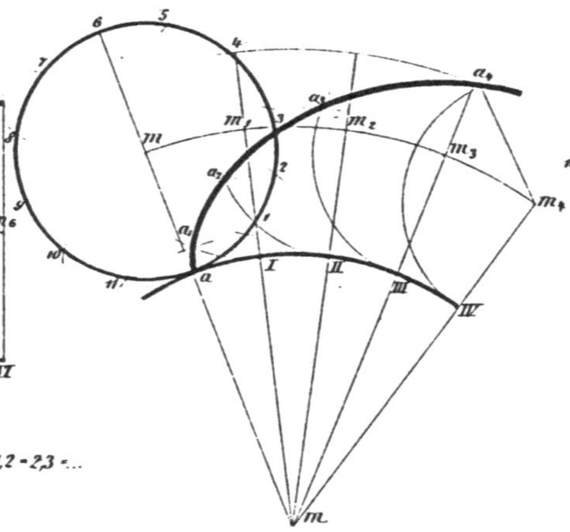

Hypocycloide.

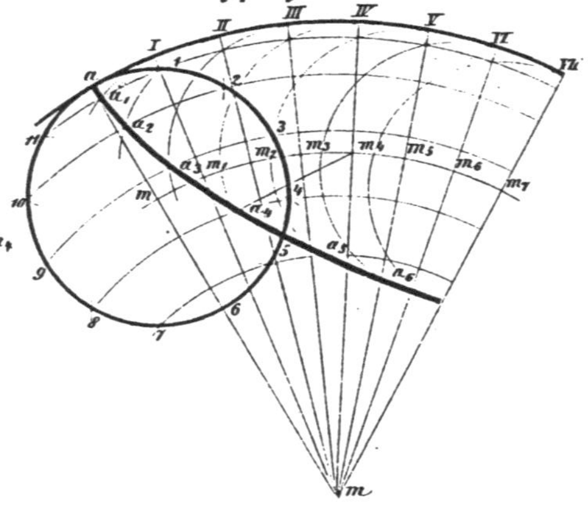

durch drei Punkte a, b, c einen Kreisbogen zu ziehen), 3. der gotische oder Spitzbogen [von diesem unterscheidet man wieder: a) den gleichseitigen, b) den gedrückten, c) den erhöhten, d) den verzierten Spitzbogen], 4. den umgekehrten Spitzbogen, 5. den Korbbogen, 6. den Kleebogen, 7. den geschweiften Spitzbogen (persischen Bogen), 8. den steigenden Bogen (Schwanenhals).

Gesimsprofile. (Tafel XX.)

Die Konstruktionen sind aus den Beispielen ersichtlich.

Symmetrische Figuren. (Tafel XXI und XXII.)

Läßt sich durch die Mitte einer Figur eine Gerade ziehen, welche dieselbe in zwei kongruente Hälften teilt, so ist diese Figur zu dieser Geraden symmetrisch; die Gerade wird alsdann Symmetrieachse genannt.

Man hat Figuren, welche 1. zu einer Geraden (a b) Tafel XXI, Fig. 4, 2. zu zwei Geraden (a b, c d) Tafel XXI, Fig. 4 und 3. zu drei Geraden (a b, c d, e f) Tafel XXI, Fig. 3 symmetrisch sind. Alle regelmäßigen Vielecke sind symmetrisch zu mehreren Achsen.

Das Verkleinern. (Tafel XXII.)

Sollen wir nach einem gegebenen Bild ein neues, bei derselben Form kleineres zeichnen, so heißt diese Operation das Verkleinern oder Verjüngen. Dies geschieht nach einem gegebenen, kleineren oder verjüngten Maßstab. Im praktischen Leben kommen fast ausschließlich folgende verjüngte Maßstäbe in Anwendung: $^1/_2$, $^1/_3$, $^1/_5$ und $^1/_{10}$ im Maschinenfach, $^1/_{10}$, $^1/_{20}$, $^1/_{100}$, $^1/_{200}$ . . . $^1/_{1000}$ im Baufach. Soll man nach einer gegebenen Figur eine neue bei derselben Form größere zeichnen, so nennt man dies das Vergrößern. Einzelne Teile des Gegenstandes einer Zeichnung in ihrer wahren Größe zeichnen, nennt man Detaillieren, das fertige Bild ein Detail.

Konstruktion der Ovallinie, Eilinie, Ellipse. (Tafel XXIII.)

Die Oval- (Korb-) und Eilinie ist aus Kreisbogen zusammengesetzt. Die Ovallinie findet häufig Anwendung in der Baukunst, besonders bei Gewölben statt der Ellipse. Die Eilinie kommt in der Ornamentik (Eierstäben), ferner bei Wasserbauten vor; Kanalprofile haben meistens Eiform.

Eine Ellipse ist eine geschlossene krumme Linie, welche die Eigenschaft hat, daß die Summe der Entfernungen eines jeden ihrer Punkte von zwei gegebenen innerhalb liegenden Punkten immer dieselbe und gleich der großen Achse a b ist ($g f_1 + g f_2 = a b$). Diese zwei gegebenen Punkte f_1 und f_2 heißen Brennpunkte. Die große Achse (Hauptachse a b) geht durch die Brennpunkte und bildet die Verbindungslinie der beiden Scheitelpunkte a b. Der Halbierungspunkt der großen Achse heißt der Mittelpunkt (m), und die in diesem Punkte errichtete Senkrechte die kleine Achse (c d) der Ellipse (Nebenachse). Die zur Verbindung eines beliebigen Punktes der Ellipse mit den beiden Brennpunkten gezogenen Linien heißen Leitstrahlen ($g f_1$ und $g f_2$). Die Entfernung des Brennpunktes von dem Mittelpunkte heißt die Exzentrizität. Die Summe der zwei zu jedem Ellipsenpunkt gehörigen Leitstrahlen ist gleich der großen Achse. Die Tangente Tg in einem Punkte der Ellipse konstruiert man, indem man die beiden Leitstrahlen zieht und den Nebenwinkel des von den beiden Leitstrahlen gebildeten Winkels halbiert ($\sphericalangle w = \sphericalangle w$). Die Ellipse wird gern angewandt bei Gewölbekonstruktionen.

Die Parabel (Tafel XXIV)

ist eine krumme Linie, welche die Eigenschaft hat, daß die Abstände jedes ihrer Punkte von einer gegebenen Geraden und von einem gegebenen Punkte gleich groß sind. Die gegebene Gerade $P f = P s$ heißt die Leitlinie und der gegebene Punkt f der Brennpunkt der Parabel. Der Punkt, welcher die kürzeste Entfernung von der Leitlinie hat, heißt der Scheitel (S), und die durch den Scheitel auf die Leitlinie gezogene Normale die Achse der Parabel (a). Der Scheitel muß von der Leitlinie und vom Brennpunkte gleichweit entfernt sein, denn er ist ein Punkt der Parabel. Die Länge der senkrechten Sehne, welche durch den Brennpunkt geht, heißt der Parameter.

Die Hyperbel (Tafel XXIV)

ist eine krumme Linie, für welche die Differenz der Abstände jedes ihrer Punkte von zwei gegebenen Punkten konstant ist ($P f_2 - P f_1 = a b$). Die zwei gegebenen Punkte f_1 und f_2 heißen Brennpunkte. Der Halbierungspunkt ihrer Verbindungsstrecke heißt der Mittelpunkt (m), welcher von den Scheiteln a, b gleichweit absteht. Die in diesem Punkte errichtete Normale heißt die Nebenachse der Hyperbel (c d). Die Strecke, welche durch die beiden Brennpunkte geht und von der Hyperbel begrenzt wird, heißt die Hauptachse (a b), ihre Endpunkte die Scheitel. Der Abstand eines Brennpunktes vom Mittelpunkte der Hyperbel heißt die Exzentrizität ($m f_1 = m f_2$). Die Asymptoten sind Gerade, welche durch den Mittelpunkt gehen und nie mit den Punkten der Hyperbel auf der Zeichenfläche zusammenkommen.

Die Kreisevolvente. (Tafel XXIV.)

Denkt man sich einen Faden, der um einen Kreis, z. B. eine Fadenrolle, gelegt ist, unter straffer Spannung abgewickelt, so beschreibt jeder Punkt des Fadens, z. B. der Endpunkt desselben, eine krumme Linie, Kreisevolvente genannt; der Kreis heißt dann die Evolute der Evolvente. Jede Tangente der Evolute (des Kreises) heißt Normale der Evolvente.

Die Zykloide. (Tafel XXIV.)

Nimmt man auf der Peripherie eines Kreises einen Punkt an (Marke) und denkt sich diesen Kreis über eine Gerade dahinrollend, so beschreibt dieser Punkt eine krumme Linie, welche Zykloide heißt. a I = I II = II III = ... = a 1 = 1, 2 = 2, 3 = ... Rollt dieser Kreis (Wälzungskreis) auf einem anderen Kreis (Grundkreis), so beschreibt die Marke eine Epizykloide. a I = I II = II III = ... a 1 = 1, 2 = 2, 3 = ...

Geschieht aber die Bewegung des Wälzungskreises im Innern des Grundkreises, so entsteht eine Hypozykloide; dieselbe geht in eine Gerade über, wenn der Durchmesser des Wälzungskreises gleich ist dem Halbmesser des Grundkreises. a I = I II = II III = ... a_1 = 1, 2 = 2, 3 = ...

V

Das erste Zeichnen nach der Natur

Von

Hermann Wirth

Das Zeichnen nach der Natur bietet dem Anfänger erfahrungsgemäß vor allem zweifache Schwierigkeiten.

Die erste besteht in dem Erfassen und Zeichnen der richtigen Maßverhältnisse des zu zeichnenden Gegenstandes; die andere liegt in der richtigen Wiedergabe der Licht- und Schattenerscheinung desselben.

Beide Erscheinungen, die sog. perspektivische[1]) und die Licht- und Schattenerscheinung, bewirken für unser Auge den Eindruck des Plastischen, Körperlichen der uns umgebenden Dinge, sind also, wenn es sich um räumlich-plastische Wiedergabe derselben handelt, untrennbar voneinander und unerläßlich.

Erschwert wird das Beobachten der Licht- und Schattenerscheinungen oft durch die Farbe, die den Dingen zumeist eigen ist. Diese Tatsache wird für die Auswahl der ersten Übungen von Wichtigkeit sein.

Die zweifachen Schwierigkeiten können wir auf zweifache Weise zu überwinden versuchen. Da ist zunächst der erste und wichtigste Weg der Beobachtung und praktischen Übung zu nennen, und sodann der mehr theoretische, wissenschaftliche. Da es sich hier für uns um das freie Zeichnen nach der Natur, nicht um das gebundene (konstruktive) handelt, so betonen wir ausdrücklich, daß wir von praktischer Beobachtung und Übung ausgehen und durch sie zum Wissen, zu Gesetzen kommen wollen, nicht umgekehrt.

Wichtig ist dabei für uns die Forderung, daß wir die Beobachtungen und Übungen vor allem an der Natur und ihren Gebilden selbst, und seien sie noch so einfach, vornehmen. Holz-, Draht- und sonstige Modelle sollen unsere Übungen nicht beherrschen, sondern Hilfs- und Demonstrationsmittel sein. Wir wollen uns nicht mathematischen oder wissenschaftlichen Grundsätzen zuliebe die Natur unnötig lang verschließen. Und die Natur bietet uns in der Tat eine Fülle auch einfacher, regelmäßiger Körper und Gebilde, an denen wir unsere Anfangsübungen sehr wohl vornehmen können.

---

[1]) Perspicere = erblicken. Dem perspektivischen (= Erscheinungs-)Bild kann man das geometrische, meßbare und konstruierbare, gegenüberstellen.

I. Die ersten Beobachtungen und Übungen.

A. Drei Hauptbeobachtungen und einige Hauptbegriffe.

1. Die erste elementare Erscheinung in der Natur, sobald wir die Dinge im Verhältnis zu uns oder zueinander (und nicht nur nach ihren geometrischen Maßen) betrachten, diejenige Erscheinung, die auch dem ungeschulten Auge auffallen wird, ist die Verkürzungserscheinung.

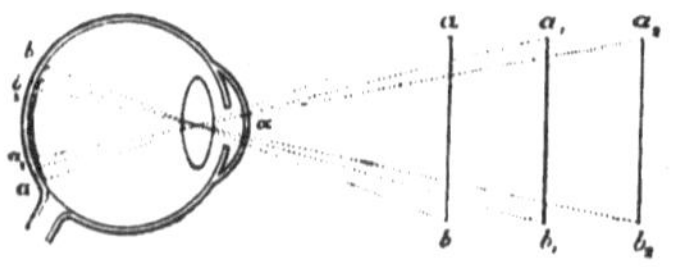

Fig. 441.

Sie beruht auf der bekannten, durch nebenstehende Zeichnung erläuterten Tatsache des größeren oder kleineren Sehwinkels bei näheren bzw. ferneren Gegenständen. Brauche ich die beliebten Beispiele der Telegraphen-

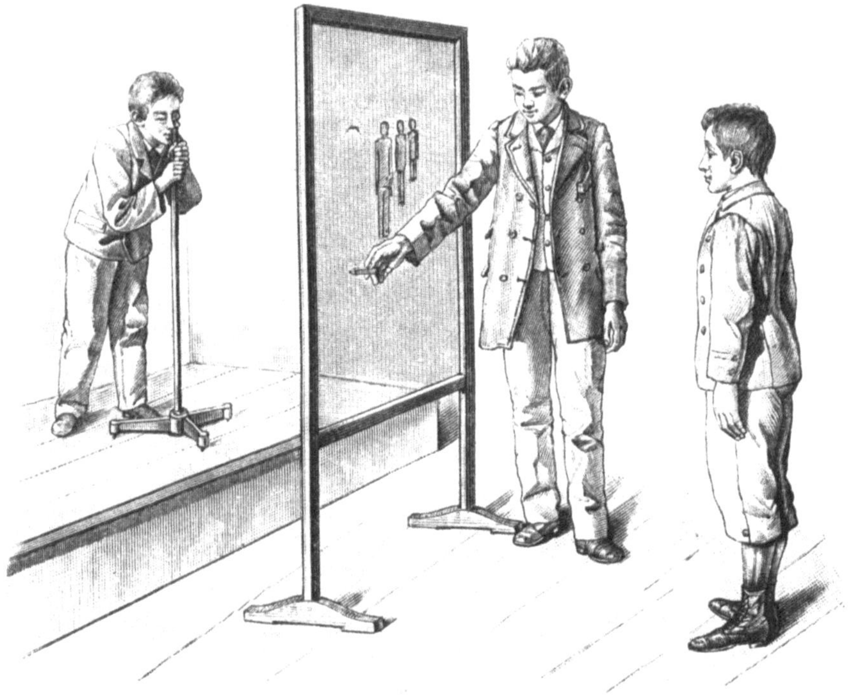

Fig. 442.

stangen am Bahngleise, der Chausseen und der Häuserreihen einer Straße anzuführen, die gleichzeitig auch das scheinbare Zusammenlaufen, „Ver-

FSC
www.fsc.org
MIX
Papier | Fördert gute Waldnutzung
FSC® C083411

Kolibri 360 GmbH
Ferdinand-Jühlke-Straße 7
99095 Erfurt, Deutschland
produktsicherheit@kolibri360.de